U0149759

服装美学与服装文化内涵研究

韩英杰 著

中国纺织出版社有限公司

内 容 提 要

服装史其实是一部感性化的人类文化发展史。从服装出现那天起，人们就将自身的审美情趣、色彩爱好，以及种种文化心态浓缩在服装中，构成了服装深厚的文化内涵。基于此，本书由三部分组成：第一部分阐述服装美学的基本理论；第二部分研究中西方服装美学体系的发展、服装美学的原理和服装审美的具体表现；第三部分围绕服装与文化的关系展开论述，并以实例介绍现代流行服装的文化影响力。本书论述严谨、结构合理、条理清晰、配图精美、语言清晰流畅，希望能为读者体悟服装之美、学习服装背后的文化内涵提供帮助。

图书在版编目（CIP）数据

服装美学与服装文化内涵研究 / 韩英杰著 . -- 北京：中国纺织出版社有限公司 , 2022.11

ISBN 978-7-5229-0062-9

Ⅰ.①服… Ⅱ.①韩… Ⅲ.①服装美学—研究②服饰文化—研究 Ⅳ.① TS941.11② TS941.12

中国版本图书馆 CIP 数据核字 (2022) 第 215351 号

责任编辑：刘 茸　　责任校对：高 涵　　责任印制：王艳丽

中国纺织出版社有限公司出版发行
地址：北京市朝阳区百子湾东里 A407 号楼　邮政编码：100124
销售电话：010—67004422　传真：010—87155801
http://www.c-textilep.com
中国纺织出版社天猫旗舰店
官方微博 http://weibo.com/2119887771
三河市宏盛印务有限公司印刷　各地新华书店经销
2022 年 11 月第 1 版第 1 次印刷
开本：787×1092　1/16　印张：12.5
字数：204 千字　定价：88.00 元

前 言
PREFACE

  人类文明的发展，最初就是随着服装的变化发展开始的。从文身到用树叶、兽皮作为遮身之物再到以麻、丝、绢、棉、皮革、化纤等作为制衣材料，人类的服装发展经历了一个漫长的过程。人类的穿着风俗可以追溯到远古时代，风俗来自生活，重在实用。等到人类懂得了穿着以后，服装之于人类就不止于物质实用性，还逐渐有了装饰审美性。从古至今、从东方到西方，服饰款式有如此多的变化，很大程度上是社会文化发展的缘故。因此，服装的发展具有很强的文化性质，是研究人类文化不可或缺的部分。

  人类文明发展至今，服装早已经是每个人的生活必需品。而现代社会的服装设计较之以往更是丰富多彩，其特征、功能及发展等文化方面的内涵，正是服装行业开展设计、走向市场、获取效益的基础。本着上述认识，笔者撰写了《服装美学与服装文化内涵研究》一书，对服装美学及其文化内涵两方面进行了深入研究，力求深刻认识服装美学与服装文化内涵在服装设计中的地位和作用，并厘清两者之间的关系，分析与之相关的各种因素，在现有的研究条件下尽量保障文本的充实与完善。

  本书设置六章与一篇后记，对服装的美学与文化内涵展开论述。第一章阐述了服装美学的相关理论，对其内涵与特征、价值和特性逐一进行分析。第二章对中西方服装美学体系的发展，以及各自的服装在长期历史进程中形成的审美特征进行了梳理和分析。第三章研究服装美学原理，对服装的形式美原理和视错原理进行了深入分析。第四章阐述了服装审美的具体表现，对服装的风格美、要素美、抽象美和设计美四个方面展开讨论，研究服装在不同维度的美的具体表现。第五章研究服装社会文化的相关问题，从文化角度入手，论述服装与文化的关系，对服装中的性别文化、地域文化和民族传统文化进行详细分析。第六章探讨服装的流行与文化，研究影响服装流行的因素，分析服装流行带来的文化影响，探索当代服装流行的传播。最后，笔者在后记中总结了服装美学与服装文化内涵的作用、价值，并对现代服装设计中文化底蕴和美学特质的呈现提出了新的展望。

本书力求以深入浅出的语言论述理论内容，并运用精美的图片和实例帮助读者更直观地认识服装美学和文化内涵的核心思想内容，便于读者掌握，具有研究性、科学性、实用性和可读性。希望本书从审美和文化角度对服装本质的剖析能够给服装设计人员及服装专业的学生些许新的认知和启迪，同时也希望本书对于丰富、完善服装设计理论具有积极意义。

笔者在撰写本书的过程中查阅、借鉴了大量资料，也得到了许多学界前辈的指导建议，在此一并表示诚挚的谢意。现代服装的发展日新月异，本书在有限的撰写时间内，难以达到尽善尽美，加之社会经济、科技文化、艺术思想发展的突飞猛进，书中所提及的专业信息和案例分析都会在一定程度上受到时代和时间的限制，还望各位读者朋友海涵。虽然笔者自身有着长期从事服装研究的学术背景和实践经验，但在撰写过程中仍深感学无止境、笔力有限，如书中有疏漏之处，希望能得到各位同行与广大读者的批评指正。

作者

2022 年 3 月

目 录
CONTENTS

第一章　服装美学的相关理论

　　服装美学是美学的一门分支学科，它是美学学科体系高度发展的结果，也是美学发展顺应时代需求，在日常生活领域的实践应用。谈美、论美、研究美是美学的主要内容，没有关于美的问题，也就没有美学了。为此，本章首先探讨了什么是美学，其次探讨了服装美学的研究对象及服装美学的现实意义，最后对服装美学的价值和特性展开探讨。

第一节 服装美学的内涵与特征

一、服装美学的内涵

（一）关于美学

1.关于美的探讨

（1）对美的思索

人类对"美"的思索由来已久，在西方，最早可以追溯到古希腊时期。古希腊的哲学家柏拉图在他的《柏拉图文艺对话集》里的《大希庇阿斯篇》中，通过年轻的苏格拉底与当时的一位博学多才的诡辩家希庇阿斯的辩论探讨了"美"是什么。

少女、烈马、陶罐到底谁最美？也许你还能说出更多的"美"：夕阳、松柏……当希庇阿斯在"走投无路"的情况下提出美是黄金 —— 这个他认为世间万能的"美"时，苏格拉底却用雅典娜神像中象牙做的手足、云石做的眼睛搭配起来也很好看的观点来反驳他的"黄金美"，并用木汤勺和金汤勺哪个更适合喝汤的设问，来进一步说明黄金并不是"万能美"。可见，美的事物并不是孤立的，一个事物究竟美不美还要受到外界条件的限制。

这个辩论虽然始终没有说清楚"美"到底是什么，但在它犹如抽丝剥茧的层层递进的讨论中，我们感受到，要想说清楚"美"是很困难的。这篇对话是柏拉图早年思想尚未成熟之作，虽然对美的本质仍然"茫然无知"，但是它作为西方第一篇集中论美的著作，是西方美学思想史上重要的文献，此后许多重要的美学思潮均源于此。

（2）美的"理念"说

柏拉图是怎样看待美的呢？柏拉图认为应该找到一个适合所有"美"的事物，一个可以用来解释一切美的现象的"万能法则"。它不仅适合少女的美、烈马的美、陶罐的美，还适合一切美好的事物。于是，他为这个"万能美"找到一个专有名词——"理念"，或说是"美本身"。按照柏拉图的说法，把这个"美本身"加到任何一件事物上面，就会使那件事物成为美的事物，不管它是什么。这就是柏拉图著名的"理念"说。那么，什么是理念呢？柏拉图在其《国家篇》最后一卷的一篇序言里对"理念"进行了明确解释：凡是若干个体有着一个共同名字的，它们就有着一个共同的"理念"或"形式"。例如，虽然世界上有很多张床：木头床、沙发床、单人床等，尽管它们各不相同，但是它们都叫"床"，所以"床"这个概念就是普天下所有床共有的一个普遍形式，也就是它的理念。或者说，世界上虽然有很多张床，但只有一张床的"理念"或"形式"。就像镜子里所反映的图像仅仅是现象而非实在，每张不同的床也不是实在的，只是床的"理念"的摹本，只有"理念"的床才是实在的床，而这个"理念"是由神所创造的。同样，世界上有很多美好的事物，它们千姿百态不尽相同，但它们既然都叫"美"，就说明它们共有一个普遍的形式，这个形式就是美，也就是"美的理念"。以下这则笑话对理解"理念"很有帮助。

柏拉图有一次派人到街上买面包，那人空手而归，说没有"面包"，只有长面包、圆面包、方面包，没有光是"面包"的"面包"。柏拉图说，你就买一个长面包吧。结果那人还是空手而归，说没有长面包，只有黄的长面包、白的长面包，没有光是长面包的长面包。柏拉图说，你就买一个白的长面包吧。那人还是空手而归，说没有白的长面包，只有冷的白的长面包、热的白的长面包，没有光是白的长面包。这样，那人跑来跑去，总是买不到面包，于是柏拉图只好自己出去买了面包。

按照柏拉图的解释：面包是对长面包、白的长面包、冷的长白面包的概括。面包就是长面包、白的长面包、冷的长白面包的共同的"理念"。同样，美丽的少女、美丽的烈马、美丽的陶罐之所以为美，就是因为它们具有能够使一个事物被称为美的"美本身"。"这个美本身，加到任何一件事物上面，就会使那件事物被称为美，不管它是一块石头、一块木头、一个人、一个神、一个动作，还是一门学问。"[1]而这个美本身就是美的"理念"，它是先于物质

---

[1]　张利平：《广告美学》，汕头：汕头大学出版社，2019年，第20页。

而存在的。

（3）对美的追问

西方美学史上，柏拉图最早提出了"美是什么"这样的质疑，他创办了雅典学院并且广收门徒，传播美和哲学知识。

对美的追问走到这儿，你会在寻"美"的道路上发现一些什么"蛛丝马迹"呢？那就是：柏拉图的"理念说"已经不自觉地将生活中的"美"和学科中的"美"区别开了。生活中谈及的"美"是一个形容词、一个定语，而这个形容词的意义又是如此的不确定。它可以指山峰的雄伟、花朵的缤纷、容颜的美丽……总之，我们可以用"美"这个字眼去形容一切令我们赏心悦目的事物。想一想，这个"美"字可真是万能啊！当我们不知该如何形容我们欣赏到的事物时，一个"美"字便足以概括。然而，作为学科中的"美"似乎就没有这么轻松了，正如柏拉图所说，要为所有美的现象、美的事物找到一个万能法则，这个万能法则是对各类具体美的事物的高度概括，既普遍又抽象。这里，我们无须评判柏拉图的唯心主义美学观点，但作为美学入门的第一步，你是否已经嗅到对"美"的问题的回答散发着哲学思辨的味道了呢？

那么，为什么这个问题回答起来如此之难呢？因为"美"是一个既具象又抽象的字眼。具象到它存在于生活中的每个角落，红色的玫瑰花是美的，雨后的彩虹是美的；然而它又是抽象的，因为我们不能对"美"做出一个科学的解释。我们可以说红色的玫瑰花有多么红（波长），雨后的彩虹有多少色彩（光谱），可是关于它们的美，我们既不能"测量"也不能"化验"，更拿不出科学的证据来证明它们是美的。但是谁又能说它们不是美的呢？世界上的万事万物，美的事物有多少，恐怕谁也无法统计。我们要想概括出美的共同本质，怎么能不难呢？因此，要回答这样的问题我们显然不能依靠自然学科的力量，而只能转向人文学科。在人文学科中有一门学科可以"承揽"这样的业务，那就是哲学。哲学是关于人生观、世界观的思考，像幸福、自由、美这样的问题当然可以列入哲学的门下。这里我们可以得出一个结论：美学是属于哲学的一个分支。也就是说，如果我们去图书馆查阅美学书籍，在哲学类的图书代码里总有一个美学的子目录。

就历史渊源而言，无论是中国的春秋战国时期还是西方的古希腊时期，对美的询问和探讨都已产生，并且相当活跃。他们有的把美和伦理道德联系在一起，如孔子的"里仁为美"；有的把美和对人的效用联系在一起，如苏格拉底的"美就是效用"；有的把美和君主治国联系在一起，如墨子的"万民之利以为美"；有的把美和数的关系联系在一起，如毕达哥拉斯的"美是数的和谐……"凡此种种，不胜枚举。在他们卷帙浩繁的著作里，无不闪烁着真知灼见的火花，这些思想资源即使在今天也仍然是重要的美学文献。另外，这也说明了对"美是什么"这个问题回答的多样性、不确定性。因此，人们常常把"美是什么"称为美学理论上的"斯芬克斯（Sphinx）之谜"。是啊，时至今日这个问题也没有终极答案，它吸引了无数美学家殚精竭虑、孜孜以求地踏上这条寻美之路，而这也是美学这门学科的魅力所在。

2.美学的诞生

尽管人类对美的思索从古代就有，但美学这门学科却很年轻，它诞生至今不过二百多年的历史。对于美学的学科历史来说，18 世纪中叶注定是段值得纪念的时光。1735 年，一位年轻的德国哲学家鲍姆嘉通写了一部名为《关于诗的哲学默想录》的书，这也是他的博士论文，同年这本书以拉丁文在德国哈勒出版。书中提出了建立美学的构想，并且明确地运用了"美学"这一术语。他认为"真、善、美"是人类永恒的追求，而作为学科，"真"有逻辑学，"善"有伦理学，只有"美"还没有一门正式的学科。鲍姆嘉通还认为哲学关心的是那些理性的、可理解的事物，而忽略了那些感性和可感知的事物。于是，鲍姆嘉通提出建立一个新的哲学分支 ——"感性学"，也就是我们现在所讲的美学的大胆设想。

可见，美学定名之初就是放在哲学门下的，属于哲学的一个分支，这个定位决定了美学的学科性质和所属门类。顺着这个思路，鲍姆嘉通在 1750 年发表了《美学》第一卷，又在 1758 年发表《美学》第二卷的未完成稿，详尽论述了他建立美学的观点。他写道："美学的目的是感性认识本身的完善，而这个完善就是美。"

尽管《美学》第二卷因为作者去世而未能最终完成，但是美学这门学科从此有了正式命名。因此，学术界一般把 1750 年看作是美学的"生日"，鲍姆嘉通也因此被称为"美学之父"。

鲍姆嘉通的命名无疑为美学的"合法化"奠定了坚实的基础，从此，美学可以"扬帆远航"了。

3.美学的研究对象

关于美学的研究对象问题，自从鲍姆嘉通建立美学这门学科以来，每个时代的美学家都有不同的看法和争论。美学是一门较为年轻的学科，因此学者们对美学的研究对象的争论也是必然的。在这里，仅简单介绍一下被学术界一致认可的美学研究对象。

（1）美的问题

即研究各种美的事物成为美的原因是什么？美的问题研究的是美的本质和特征、美的形态和种类、美的内容以及美与丑的关系等。总之，一切和美相关的问题都是美学研究所要触及的。同时，关于美本质的研究又是美学哲学体系的具体体现。

（2）美感问题

人类社会生活中出现了美，就相应地产生了人对美的主观反映，即美感。美感的本质和特征、美感的心理因素、美感的客观标准等，都属于美感（审美心理）的研究内容。例如，齐白石画的虾，画面虽然没有水，却使人感到鱼在水中游，这样的美感从何而来呢？一件很多年前的旧校服，尽管不再穿了，但由于它承载了学生时代的回忆，因此对于当事人来说美感依旧。

（3）艺术问题

艺术作为审美意识的集中体现，是美学研究不可或缺的一部分。黑格尔曾经说过，美学就是"艺术哲学"。对艺术的本质、创作、欣赏、批评等方面的研究正是艺术哲学的体现。在当代，随着美学体系中门类分支的扩大与丰富，各艺术门类纷纷与美学结缘，从而产生许多艺术美学门类，如舞蹈美学、音乐美学、电影美学、戏剧美学等。这些艺术美学门类无不见证了艺术与美不可分割的关系。

（4）美育问题

美育即美的教育，狭义上也指艺术教育。美育培养人们认识美、体验美、感受美、欣赏美和创造美的能力，从而使人们具有美的理想、美的情操、美的品格和美的素养，这也是青少年学习美学的目的之一。我国近代著名教育家蔡元培先生早在新文化运动中就提出了"以美育代宗教"的口号和思想，并认为美的教育是陶冶情感、满足人性发展的内在要求。

4.美学学科特点

美学脱胎于哲学，传统美学的研究侧重于对美的本质和规律的研究，因此带有浓厚的哲学思辨性质，也使美学显得"沉重"。当代，为了适应学科发展的需要，使美学更加适应现代生活中的人文需求，美学的学科视野正在不断扩大，美学研究呈现了新的面貌，也更具有朝气蓬勃的生命力。

（1）美学和诸多相邻学科互相渗透

美学要想具有持久的学科魅力，就需要不断地注入新鲜"血液"。许多相邻学科向美学横向渗透，是当代美学的一大特点。这一方面反映在美学研究视野的扩大、研究领域的丰富，由此产生了很多美学的亚学科。甚至可以这样说，当今每一门社会科学都对审美活动有着强烈的兴趣，因此便有了旅游美学、建筑美学、环境美学、餐饮美学等。随着社会文明的进步，人类的审美范围逐步扩大，审美活动几乎存在于每一个角落。另一方面，在研究方法上借鉴其他学科（心理学、社会学、语言学、历史学等）的研究方法，尝试让其他学科的研究方法为美学研究所用，这对美学的研究无疑能起到推动和促进作用。

（2）理论美学和应用美学相结合

理论美学研究主要是以研究美的本质（美是什么）、美学历史、美感产生等为主要内容的理论研究。应用美学是研究美学在实践生活中的具体运用。当美学逐步渗透到生活中的每个角落时，美学就不仅仅是象牙塔里的学术研究了，它走入了人们的生活和生产领域，并逐渐在人们的现代化生活和人类与自然和谐共处的活动中发挥积极作用。服装美学的产生就是当代美学研究特点的集中体现。

（二）服装美学的研究对象

根据美学的研究对象，可以将服装美学的研究对象界定为以下几个方面。

1.服装美

服装美是服装美学的研究对象之一。服装研究是把服装作为客观审美对象来研究与看待的。然而服装之美毕竟不同于大自然中独立于人而存在的一草一木，服装之美是由人创造的，也是通过人来展示的。因此，尽管我们把服装美作为客观审美对象看待，但是对于服装美的学习与研究始终不能离开服装美与人的关系。

2. 服装美感

服装美感也称为服装审美鉴赏，是对服装美的评判，既包括日常生活中的各种服装审美现象，也包括各种艺术化的服装审美现象。关于美感和人类审美活动的研究是美学研究中的重要组成部分，同样，服装美感也是服装美学研究的重点。服装美感研究是从人的主观角度来研究服装美感的产生、传播及其特点以及人们的服装审美观念、审美思想、审美趣味的形成和原因等。

3. 服装艺术美

服装艺术美是服装美的类别之一，我们之所以把它独立出来，是因为具有服装艺术美的服装有别于日常穿着的服装，其艺术性和审美性是第一要素。服装艺术美既体现了艺术创作的普遍规律，又具有服装自身的特点。具有服装艺术美的服装主要是指各类用于艺术表演的舞台服装（舞蹈服装、戏剧服装、戏曲服装等）以及具有艺术化审美特质的服装（高级时装等）。

（三）服装美学的现实意义

在了解服装美学的基本问题之后，紧接着的问题是为什么要学习服装美学，也就是学习服装美学的现实意义。

1. 提高服装审美能力和服装文化素质的需要

服装美学是服装专业教育和服装文化研究不断发展和深化的结果。学习目的在于提高学习者服装文化素质和理论修养，培养学习者一定的理论思考能力和对服装审美现象的解读能力。通过服装美学的学习，学习者能够把握对服装美的感知，扩大审美视野和知识面，并为其他课程的学习做一些知识储备。服装美学对服装专业其他课程的学习与影响是潜移默化的，也是必不可少的。在学习过程中逐步培养服装审美鉴赏能力，将其转化为设计思想，这是创作的底气。

另外，对于普通民众来说，家居、工作、出游、运动等一切活动都离不开服装的"包裹"与"装点"。因此，如何用服装塑造一个美丽得体的外部形象，是每个人都会遇到的实际问题。涉猎一些服装美学的知识，有助于提高个人的服装审美能力和修养，在不经意间优化个人形象的塑造。

2.服装学科自身发展的需要

服装美学是在服装学科不断发展并且逐步细致分化的基础上产生的，作为服装学科的亚学科，它的研究可以为其他门类的研究提供视角、观点、方法等，推动服装学科的发展。几乎所有服装学科都会与服装美学发生或多或少的关联。服装造型、服装工艺、服装材料、服饰图案……哪一门课程能离开美的表达呢？因此，随着服装学科的发展，服装美学的价值将越来越显著。

3.实践领域的需要

在实践领域里，服装美学也发挥着积极的作用，如服装美学对服装设计、服装营销有很大的影响。作为服装设计人员，了解掌握服装设计原理和技巧是必要的，但设计思想和设计理念的提高与丰富同样对设计起到至关重要的作用。设计师是美的创造者，而美的创造源于对美的感知和理解。学习服装美学，了解服装美及审美规律，可以提高一个设计者的设计素养。作为服装营销者，掌握消费者的服装审美心理，了解为什么特定形式的服装美会得到消费者的青睐，是制定营销策略的关键，因而服装美学的学习无疑是有帮助的。服装美学是服装专业实践领域背后的一个支撑点，因为人们的着装总是离不开美这个话题。

二、服装美学的特征

（一）服装的艺术性

服装除了满足人们实用的需要之外，其装饰美化作用也越来越受到人们的重视。俗话说："人要衣装，佛要金装。"其中"装"就有美化的意义。

1.服装是美化人体的艺术

衣服本身的物质美能折射人体的光辉。追求完美是人类可贵的品质，当衣着者对自己的体型、身材比例、肤色等不甚满意时，就可以或多或少地通过服装进行弥补。

2.服装是人生舞台的道具

人具有自然和社会两重属性。身高、体型、脸型、三围、肤色等是人的自然属性，而人们的职业、地位、身份、爱好与气质等则是人的社会属性。人们会通过服装去渲染和美化人的社会属性。例如，法国作家莫泊桑于1884年所著小说《项链》中，不幸的玛蒂尔德为项链付出了高昂的代价，似乎一条装饰性的项链，就使她有资格参加上流社会的舞会，可见人对美的强烈渴盼。除了对档次的追求，追逐流行也是表现社会属性的一个方面。新潮一族的身边总会有羡慕的眼光，时髦的装扮者自然是美在其中。

3.服装丰富人们的文化生活

人们的生活离不开文化，文化活动领域也离不开服装，服装为各种艺术形象增光添彩。例如，在电影、电视、音乐表演、舞蹈、杂技、戏剧、曲艺等文化活动中，演员们的着装都是经过专门人员精心设计的，能增加艺术的感染力，提高观众的欣赏情趣。对于服装爱好者来说，欣赏一款时装作品，就如同在听服装设计师讲课，其中乐趣妙不可言。

4.服装包含着人们的审美价值

在服装由实用价值向审美价值过渡的过程中，人类的观念形态起着中介作用。

例如，我国苗族的银饰在民族服饰中占有重要的地位，据说它曾是避邪和保平安的象征，后来变成了富贵与美的标志。银饰越多，越富、越美，有的人佩戴的银饰重达8千克，种类繁多，图案精美。苗族人头上的羽毛装饰也被赋予了勇敢的含义，因此"勇敢"这一观念在苗族服饰美中起到了重要作用。原始的图腾崇拜本来没有美的意思，由于宗教图腾成为本民族强大的象征，进而具有装饰作用，并逐步发展成具有独立审美意义的形象。

（二）服装的实用性

1.服装起源于实用

服装的美首先取决于它的实用性。在远古时期，服装就是因为气候因素和生存环境的需要而产生的。服装保护人体不被蚊虫叮咬，不被荆棘刺伤，夏天可以抵御高温对人体的伤害，冬天用来保暖御寒。

制造劳动工具是人类有意识和有目的的活动。现代中国美学认为，人类首先用自己的劳动创造了实用价值，其次才创造了美，事物的实用价值先于审美价值而存在。在原始社会，人们的劳动首先是为了解决对物质生活的迫切需求，这是人类生存的基础。《墨子》中说："食必常饱，然后求美；衣必常暖，然后求丽。"《韩非子》中也说："短褐不完者不待文绣。"恩格斯曾说："人们首先必须吃、喝、住、穿，然后才能从事政治、科学、艺术、宗教，等等。"他从历史唯物主义的高度指出物质生活需要与精神生活需要（包括审美需要）的关系。我国学者多认为服装是在劳动和对物质需求的基础上产生的，西方"亚当与夏娃"的故事则说明遮体物（服装的雏形）是由羞耻心理产生的。

2. 实用是服装的基本功能

除了保护人体、调节体温、防御外界伤害之外，服装的实用性还表现在其他很多方面。例如，服装穿着要与年龄、职业、体型及季节相符合；要与穿着场合和民族习惯相符合。又如，鉴于儿童的生理特点，儿童服装应面料柔软、穿脱方便、适应儿童活泼好动和生长发育的特点，这就是实用性。老年人服装则宜款式宽松，方便穿脱。工矿企业的职业服则要求在劳动条件下能够防护身体、方便活动，便于提高劳动效率。从地区上看，北方大部分地区的外衣设计要考虑方便随季节变化增减衣服的问题。而南方人穿着衣物的层数相对较少。从季节上讲，夏天的服装面料选择上要求透气性好、吸湿性强、凉爽适体，款式以开门领和短袖为主。白色的自行车披肩对骑车上班的人来说也是一种实用设计。

3. 实用是穿着的需要

从企业经营角度看，服装应以满足消费者的实用需要为基本原则，充分考虑产品消费群体的活动方便。例如，休闲服、运动服、老年服装等要有足够的放松量，袖山设计不能太高，袖宽不能太小，裤子的立裆不能太大或太小等。总之，设计服装的规格尺寸时要充分考虑穿着的实用性。

4.科学与技术的参与

服装必须经过裁剪、缝纫等工序，面料、设备、技术、管理等共同生产出了美的服装。例如，制作精良、工艺高档、袖山饱满且圆顺、袋盖窝势内扣、缉线平整、针码均实等都能表达出着装的艺术美。

（三）服装的经济性

服装不是纯粹的艺术品，服装实用价值的实现依赖于它的经济性。服装作为消费品与社会经济的发展、人们的生活水平密切相关。

1.物美价廉的消费

人们在购买衣服时，不会忽视价格因素。所谓高档、低档等都是服装的经济要素。人们在追求美和实用的同时，也会根据自己的经济条件，认真选购衣服。理性消费在人们的消费观中占有一定的地位，讲究物美价廉、经济实惠，是一种朴实的社会风尚。

经济消费是一个相对概念，在价值计算中，"价值 = 功能 + 价格"。有时虽然价格较贵，但物有所值，虽贵尤廉。例如，男士购买高级西服套装、女士购买裘皮大衣或结婚礼服，虽然价格较高，实用场合也较少，但因"千年等一回"而慷慨解囊，也未必不值。另外，某件商品对于某些人来说可能较贵，而对于另一些经济条件较好的消费者来说，可能价格一般。

2.生产的经济性原则

服装作为商品，要经过市场调研、开店办厂、设计造型、加工生产、企业管理、广告投放、运输销售等环节，每一个环节都需要资金作为后盾和基本条件，因此，尽量降低成本、提高设计水平是服装企业管理的任务之一。例如，设计师在选择面料时，要考虑消费者可接受的价位，款式造型要方便生产加工；开店办厂时要考虑投入与产出的比例及投资回报；在店面销售产品时，要考虑装修与广告的投入问题，要认真研究定价技巧和降低成本的策略等。经济性原则是企业运作的基本原则。

3.品牌定位原则

品牌是企业及其产品在消费者心中的总体印象。通常加工型企业的产品线相对较窄，受设备条件的限制，品牌定位也相对容易。销售型企业产品线一般较宽，可以经销多家生产企业的产品。这时，就要考虑经营的品种和风格问题，注意既要满足特定市场的需要，又要考虑效益最大化问题。

第二节　服装美学的价值

马克思说："有意识的生命活动直接把人跟动物区别开来。正是仅仅由于这个缘故，人是类存在物。"❶审美是人类最生动的意识活动之一。根据马克思的话所给予的启示，审美活动与人的本体、与人之所以为人的本质是有关的。人们对服装的选择、试穿和评议的过程，就是人们对服装的审美意识活动。从中产生着服装美的价值，正像乔治·桑塔耶那所指出的那样："所有价值从某方面说都是审美价值。"❷故我们认为，服装审美价值就是服装美学的价值，从本质上说，也是与人的本体之价值有关的。因此，我们应该重视服装审美价值的研究。

服装作为一种现代商品，含有工艺美术的性质，既以实用价值为前提，同时富有审美价值，二者是统一的。人的审美意识既反映个人的审美趣味，又反映社会的审美理想，二者也是统一的。一般来说，人们对服装的审美活动不外有两种方式。

一种是主体自我表现的审美意识。正如俄国美学家车尔尼雪夫斯基所说："在人身上美极少是无意识的，不关心自己的仪表的人是少有的。"❸人们注意并精心打扮自己，一方面是出于爱美的天性，求得快感；另一方面是想在人们的面前表现出自己的仪表美，赢得好感。车尔尼雪夫斯基也曾说："美感的主要特征是一种赏心悦目的快感。"我们都有这种体会，每当穿上了足以表现自己仪表美的时装时，一种称心如意的快感便会油然而生，生活的情趣得

---

❶　［德］马克思：《1844 年经济学哲学手稿》，北京：人民出版社，1983 年，第 50 页。
❷　［美］乔治·桑塔耶那：《美感》，北京：中国社会科学出版社，1985 年，第 19 页。
❸　［俄］普列汉诺夫：《普列汉诺夫美学论文集》，北京：人民出版社，1983 年，第 280 页。

到了提高，人们便能精神焕发地投入生活中去，这就是服装产生的审美价值。这种价值是精神的，是高尚的。这种美的价值，可以说是"发乎我们情不自禁地直接性或莫名其妙性的反应，也发乎我们本性中的难以理喻的成分。"❶ 当然，这种"本性中的难以理喻的成分"应该就是出于本性中的爱美成分了。如果把一件自己认为不太满意的服装强加在自己的身上，那么人心理上自然也就会产生一种不快的感觉了。由此可见，服装的审美价值，首先在于服装客体本身具有美的属性，服装的审美价值是客观的。因此，我们赞同桑塔耶那给美所下的定义："美是一种积极的、固有的、客观化的价值。"❷

　　另一种对服装的审美活动是从客体来说，属于社会产生的审美意识。试看汉乐府《艳歌罗敷行》中对采桑女子罗敷的描写：

　　头上倭堕髻，耳中明月珠。缃绮为下裙，紫绮为上襦。行者见罗敷，下担将髭须。少年见罗敷，脱帽着帩头。耕者忘其犁，锄者忘其锄。来归相怨怒，但坐观罗敷。

　　这段精彩文字为中国文学史上的文人骚客所乐道。前四句用白描的手法呈现罗敷这个青年妇女（审美对象）的穿着打扮，后八句用夸张的手法描写了旁观者在欣赏罗敷的美时所产生的快感。这首诗描写罗敷之美，不从罗敷本身实写，而是从旁观者的神态中虚摹，从而衬托出罗敷的美艳绝伦，大大增强了生动活泼的效果，是有独创性的。旁观者看到罗敷所产生的如醉如痴的情态，正是服装审美意识的客观反映。罗敷通过穿戴所形成的人体美是一种客观存在，叔本华说得好：

　　人体美是一种客观的表现……正是因为任何对象都不能像最美的人面和体态这样迅速地把我们带入纯粹的审美观照，一见就使我们立刻充满了一种不可言诠的快感，使我们超脱了自己和一切烦恼的事情。❸

　　这样看来，通过服装穿着而塑造的人体美所使人产生的审美快感，就是审美价值。我们都有这种生活体验，当某个人穿着款式新颖、色彩宜人、适体的时装在公共场所出现时，其表现出的人的仪表美会引起人们的赞叹，并使人

---

❶ ［美］乔治·桑塔耶那：《美感》，北京：中国社会科学出版社，1985 年，第 13 页。
❷ ［美］乔治·桑塔耶那：《美感》，北京：中国社会科学出版社，1985 年，第 33 页。
❸ 北京大学哲学系美学教研室：《西方美学家论美和美感》，北京：商务印书馆，1980 年，第 227 页。

们产生一种"不可言诠的快感"，这就是服装社会性的审美价值。美是服装艺术不可缺少的属性，服装能给人观照和体验的快感，也必然含有审美价值。如果服装艺术美的属性被削弱了，便不能引起人的审美感受，也不能成为审美对象，不能与人发生审美的关系，那么，服装也就无审美价值可言了。当然，价值评判多半是要依靠人的主观价值认知与感受。马克思说得好："对于不辨音律的耳朵说来，最美的音乐也毫无意义。"❶对于对服装的美学价值毫无认知的人来说，最美的服装也平平无奇。

　　服装是商品，自然是社会性的。社会本身是由个人、不同的社会集团和阶层所组成的。个人是社会的细胞，社会是个人的整体。社会整体的观念意识包含着个人的思想意识，但个人的思想意识有时未必代表整体的观念意识。比如西方曾流行"乞丐装"，我国有个别青年出于好奇而对其产生过兴趣，那绝不能代表社会上多数青年的审美意识。我们要想使作为审美对象的服装商品产生美学价值，自然不能只从服装的护体使用功能上着眼，而是要在服装艺术的审美价值上下功夫；不能只着眼于个人的审美兴趣，而应研究社会性（包括民族性）的服装审美观念。我们必须使服装成为像康德所说的"普遍令人愉快的对象"。❷

　　当然，服装美学的价值标准，不只含有社会的审美尺度，还包含着个人爱好的尺度。我们知道，马克思主义哲学承认社会生活现象的经济决定论，但绝不否定个性自由，从而给某些精神价值（其中包括服装的审美价值）留下一席之地。其实个人尺度与社会尺度是相互影响、相互制约的。个人是社会的成员，自然受到社会的制约，而众多人的爱好，只要是美的，又可以形成社会的风气。以牛仔裤而论，最初出现在社会上的时候，人们由于受到传统思想的影响对牛仔裤施加指责，牛仔裤的审美价值不免受到影响，使一般青年男女有所顾虑，不敢大胆穿着；而当人们的审美观念在开放的形势中逐渐转变的时候，穿牛仔裤的人渐渐多起来了，大家又感到青年人穿着牛仔裤很有精神，富有时代感，故牛仔裤的审美价值又随时代的进步而有所提高。因此，服装美学的价值不是一成不变的，而是随着社会的发展而发展，并伴随人们审美观念的变化

---

❶　[德]马克思：《1844年经济学哲学手稿》，北京：人民出版社，1983年，第108页。
❷　北京大学哲学系美学教研室：《西方美学家论美和美感》，北京：商务印书馆，1980年，第154页。

而变化的。由此也可见，服装的美学价值在时间上是相对的。

特别是在生活节奏加快的今天，服装的款式不断更新，服装的流行色变化频繁，服装的审美尺度不断变换，服装的美学价值变化也就更大了，服装的审美价值也随之起了变化。当代世界上最负有盛名的权威时装设计大师们都善于进行社会心理调查，并及时地收集、掌握市场预测的信息情况，以此作为设计构思的依据，创造出富有艺术魅力的新款服装，再通过宣传，使人们广泛地穿着，从而不断地掀起时装的新潮流。这是服装审美价值的一大特点。

我们必须再进一步认识到，不管是个人穿着，还是社会观赏，服装审美所产生的价值都是对人的本体精神意识的表现。人的本体是一切价值的最高尺度，各种形式的价值背后，都是与人的本体价值相联系的，服装审美的价值也一样。服装审美的价值，是指人精神上所产生的快感与享受，就某种程度而言，它比一般无生命的艺术品更具有精神享受的独特魅力，所产生的精神力量也与一般艺术品有所不同。一般来说，个人穿着适体的时装，精神昂奋，更加热爱生活；而众多的时装可以影响社会文明的风气，对人们的衣着有一定的约束作用，从而能潜移默化地提高人们的审美情趣，培养人们良好的道德情操。可见服装美学的价值非但与人的本体价值有关，而且与社会的精神文明建设密切相连。所以，我们对于服装审美的价值必须给予应有的评价。遗憾的是，目前社会总体上还没有把服装艺术的价值与一般艺术的价值相提并论，还没有把美化人民生活的服装设计者的地位与一般艺术家的地位相等同。但近年来，在服装评比的活动中，已经可以看到人们开始重视服装艺术的审美价值，看一场时装表演，在精神享受方面不亚于看一场电影，因此，我们可以预计在不久的将来，服装设计师的社会地位自会与日俱增。

服装的审美价值，虽是通过服装设计创造的，但必须通过与穿着者相结合才能真正体现出来。我们清楚地看到，有的人穿上西装后，由于受到其自身气质的影响，未能产生应有的风度，即所谓的"穿上龙袍也不像太子"。故穿着者的素质修养对体现服装美学价值的影响是非常大的。只有把服装美与人的素质美和谐地统一起来，才能充分体现出服装的美学价值。

第三节　服装美学的特性

一、简约化

现代服装强调"精练"，崇尚简洁明快，审美参与因素要少，但是整体审美力量要大，要以明确的服装主题来表现所要追求的风格，用干练的造型来展示精确的形象构思。这种观念萌生于 19 世纪末，当时西方出现了"新式样艺术"，设计原则就是注重装饰、结构和功能的整体性，发掘所谓的"直率"美。在使用新材料与新技术时，"简约"被推到了上品地位，设计师和美学家们极力推崇"人类价值"，要在服装上退尽霓虹灯色彩和人为的物质痕迹，防止把主体变成被修饰的物。

现代美学家鲁道夫·阿恩海姆对于精练风格总结得最为经典，他说："在艺术领域内的节省律，则要求艺术家所使用的东西不能超出要达到一个特定目的所应该需要的东西，只有这个意义上的节省律，才能创造出审美效果。"❶ 这就是审美利用度的概念，是衡量风格单纯性的标准。巴尔曼认为简朴是服饰最难达到的品质，他经常追求"纯粹的线条"❷，依据格式塔理论所说，就是要重视人的知觉所偏爱的直线、曲线……以它们表现明确有力的视觉走向，出手要干脆，描绘要洁净，形象要利落，这样服装就显示出几何式建筑的效果。

现代服装以精练为本，自然突出了外轮廓线的作用，不像传统服装创作那样尽心竭力地在装饰细节上大做文章，而是注重整体的大造型。古代服装关注款式内部效果，现代服装关注款式边界，关注服装在背景上的剪影。打个不

---

❶　［美］鲁道夫·阿恩海姆：《艺术与视知觉》，北京：中国社会科学出版社，1984 年，第 68 页。
❷　彭永茂：《20 世纪世界服装大师及品牌服饰》，沈阳：辽宁美术出版社，2001 年，第 66 页。

太恰当的比方，现代服装是人体素描，古代服装是工笔花鸟。内分割线太多了容易分散外轮廓线的整体力量，使服装感觉零碎，不利于审美结构的统一。

现代服装设计美学思想中的精练意识催生了"减法设计"，这是一种"排除"能力。当人们的创作欲望燃烧起来之后，极容易在服装上堆积出各种审美因素，使作品过满、过肿。所以，冷处理是十分必要的，设计者不仅要注意表现什么，也要注意不表现什么，有时不表现甚至是更充分的表现。巴尔曼在自传《我的年年季季》里告诫同行，真正的高级时装没有多余的附加物，即使一条不必要的线，也要舍弃。舍弃也是一种创造，减少也是一种增加，减少的是要素，增加的是效果。1945 年 10 月，巴尔曼举行了第一次作品发布会，当时的纤维分配制度严格，这就迫使他在简化中求高雅，结果轰动一时。"减法设计"是现代服装美学思想的重要原则，是创作者成熟的标志之一。

二、内蕴化

古代服装是"外饰艺术"，它的基本特点是美与用之间的关系松散，美是外在于用的装饰。服装的功能结构完善以后，工匠们运用绣、嵌等手法将自己的美化想法添加到服装上去，服装就等于一张特殊的画布，是审美的背景材料，人们以它为依托来描绘自己的感想。创作好比叠床架屋的加工过程，好像在原木纹家具上涂了一层调和漆，漆与木纹并不是一种东西，它们相互外在着，体现出的是装满效果，是加在表层的美。清咸丰、同治年间，京都妇女服饰镶边多多益善，有"十八镶"之说；清初，苏州妇女崇尚"百褶裙"，有的多达 300 个褶；为大众熟知的"马面裙"，又称"月华裙"，每个褶中五色俱全。镶边、裙褶与加色都体现了强烈的外饰意识，它们与服装功能没有多大关系，是实用之外的审美添加，审美可以不顾实用而向极致发展，但外饰艺术是实体表层的美，不是实体本身的美。

现代服装重视"内蕴艺术"，它与"外饰艺术"是相对概念。从现代技术和美学的角度看，"美"与"用"要尽量一体化，努力在功能的有序性中体现美的实在性，把物质要求与精神要求协调起来，揭示"用"本身的美，而不是在"用"之外又不断累加艺术想法。技术美学之父威廉·莫里斯告诉人们，不要在家里放一件你认为有用但你认为不美的东西，"合理美"成了一个重要范畴，美与用相通，完全有用的东西中存在着真正的美，一种物品只要形式上明显合理地表现出功能，就是美的。一件产品有外质量（造型、色彩、图案等）和内质量（性能、可靠性、使用寿命等）两种检验标准，两者同为现代化生产质量的重要观念，而且两者的联系是缠绕在一起的。产品的外结构作为形式是内结构的直观存在，它不是产品的表面美化部分和装饰因素，而是内在结构的准确体现，技术上越完美，美学上就越典型。

"用"是审美思路的基础，仅从美出发来考虑设计效果，那是创作，而不是设计。现代艺术设计的任务不仅要解决外观的悦目与好看，更重要的是要使产品符合人的全面要求。外观质量不能简单地被理解为表面的美化和装饰，而是内在质量的准确体现，是通过鲜明、新颖、美观的形式充分地表现产品的内在功能，合理的、有效的生产结构完全可以被看作是文化的独立和生机勃勃的成分。内蕴艺术重视结构秩序，秩序便通向美。标准的人体上身与下身非常接近黄金比，只要上装下装结构和谐，就可以产生审美的内在魅力。现代服装艺术家应该有从功能中发现艺术表现热点的能力，要善于在结构内部做文章，作品的审美质量和技术质量主要体现在形式与功能的联系上。可可·夏奈儿反对非生活化的、外饰雕琢的贵族风格。1954年，她在隐退15年后复出，对包括一代宗师迪奥在内的许多设计师进行了尖锐批评，对妨碍人们行动自由的高级时装十分不满，她惊叹何以50年代还有用鲸骨作裙撑的服装。

如今，有人还抱着陈旧的设计观念不放，认为只有在实用和经济基础上，才能考虑美观问题，"衣必常暖然后求丽"是古典审美观。现代设计理论认为，在实用和经济的考虑中也可以包含艺术构思，三种因素具有同构性。一件高档的丝绸晚礼服和一条廉价的工装牛仔裤都有各自不可替代的审美价值。实用、经济、美观这三要素是个整体，它们交融在一起，从其中任何一个角度来考虑问题都不能不牵涉其他两个方面。

三、人本化

西方古代服装有一种塑造人体的强烈欲望，女性身段如果不加以变形就不美，自然天成不是标准。《飘》的女主角郝思嘉生在1850年，为了使腰围缩小到美国南方最美的尺寸——43厘米，忍受了束胸带来的"绞刑般的痛苦"，这是一种枷锁式的生活，鲸骨制的雕花束胸背心逼迫人的内脏位移，使人的腰部纤细，胸臀突出，用戕害人体的办法来实现人对服装效果的变态理解，这种以损害人的健康与生存自由为代价换来的病态美，不是人类的高尚追求。中国古代服装正好相反，不是改造人体，而是遮掩人体。汉民族的正式宫廷服装——深衣，存留了几千年，人体本身的造型变化被覆盖起来，形象个性被统一款式弱化了，导致人的社会形象与人的本真状态分割开来。这两种服装审美倾向都是非人本化的。

四、国际化

近现代以来，服装审美文化的差异正在消失。巴黎、纽约、雅典、特拉维夫、东京这些大城市的市民装束十分接近。如今的服装美没有绝对的民族私有内容，只要能融汇到世界服装艺术潮流中去，设计师们就会把它提炼成现代时装因素。

马克思、恩格斯认为资产阶级开拓了世界市场，使各国的生产和消费都成为世界性的，过去那种自给自足的状况，被各民族的各方面的互相往来所代替，物质生产如此，精神生产也是如此，各民族的精神产品也成了公共的财产。19 世纪的后 50 年，富有的欧洲企业主走遍了世界，带回了各个文明社会的文化，开创了欧洲服装艺术多元化的时期，这种"六神无主"的风格使世界服装风格趋同，从那以后，流行服装中已经没有纯粹民族的东西，它被全球化的时代潮流改造着，成为各民族都可以接受的款式。

民族艺术具有独特风格，丰富着世界文化宝库，可以作为素材，幻化出各种时新的艺术作品，但是如果把民族服装当成世界形象的文本，以为民族性可以直接转化为流行性，地域习惯可以绝对地成为全球时尚，这无疑是民族主义的良好愿望。为了证明民族化的理论，人们常常津津乐道于中山装和旗袍，其实这些例证都是反证。中山装的基础是日本的学生装，它是三片式衣身，前衣片两侧缝省、收腰、做肩缝、呈装袖式，为典型的西装式结构造型。而最初的清朝旗袍俗称大裁，结构是平面的，款式不分男女，在现代社会里，这种款式只能在历史剧里出现，是不能穿到大街上去的。旗袍第一次改革时虽然还呈平面结构，但收腰之后稍显示出些曲线美，开始与男袍区别开来了；第二次改革收腰更加明显，衣长也缩短了；第三次改革出现在 20 世纪 40 年代初期，旗袍开始出现胸省、腰省、斜肩缝、装袖、两侧开衩加大等裁剪方式，彻底改变了平面结构，更加贴身和女性化，完全接受了西洋服装的立体结构和追求人体美的服装审美意识。在第十一届亚运会的开幕式上，为各国运动员执国际牌的礼仪小姐身着旗袍，但下摆已经提到膝盖以上，吸收了超短裙的特点。可以说，旗袍之所以被国际服装界所接受，是其"扬弃"自身的结果，它的包身性可以负载现代服装的托体意识，这与原来旗袍遮蔽人体的特点正好相反，如果它没有融合现代的审美观念和结构方式进行改造，也会像古代许多其他服装款式一样，被时代所淘汰，所以旗袍恰好是服装世界化的佐证。实践证明，一个民族越封闭，其服装文化特色就越鲜明独特、越纯粹，也就越缺少发展活力。

第二章 中西方服装美学体系的发展

　　由于历史条件、生活方式、心理素质和文化差异，中西方服装美学有着较大的差异。例如，中国有着五千年悠久的文明史，素有"礼仪之邦"和"衣冠王国"之美誉，在我国，服饰审美与传统文化有着密切的联系。同时，服饰艺术被纳入礼仪教化、伦理道德、宗教训诫的内容后，便摆脱了具象、表象的束缚，形成了中式服装华丽、柔美、含蓄的独特魅力，逐渐形成独特的意象艺术。在西方，服装也常被看作是人体艺术的一个组成部分，西方文化十分注重表现人的体态，其装束风格自然也是西方文化精神外化的表现，显示出西方对人性和个性的尊重，这与东方重礼仪和人伦的观点有着显著的差异。为此，本章对中西方服饰体系进行分类阐述，通过探寻中西方服饰的发展历程，总结和归纳服装美学在不同情境中变迁、演化的基本状况。

第一节　中国服装美学体系的发展

一、中国古代服装美学的发展与变迁

（一）先秦服饰

1.时代背景

中国约在距今五千年前进入父系氏族公社，农业成为主要的社会劳动，手工业逐渐与农业分离而出现剩余商品的交换，形成了私有制。父系氏族公社后期出现阶级分化，到公元前 21 世纪进入奴隶社会，出现了我国历史上第一个王位世袭的夏王朝。

史传夏朝第一位国王夏禹，曾领导人民战胜洪水灾害。在治水过程中，他三次经过家门而不入，深受民众爱戴。他提倡节俭，崇尚黑色，但到他的子孙后代，就变得十分奢靡残暴。公元前 16 世纪商汤领兵消灭了夏桀，建立了商王朝，强化了奴隶主阶级的统治。公元前 16 世纪的商初到公元前 8 世纪的西周末，是奴隶制社会的鼎盛阶段，奴隶主最高首领自称"天子"，表示他是代表天的意志来统治人民的。奴隶主内部有森严的等级制度，这些等级制度以"礼"的形式固定下来，以稳定内部秩序，维护奴隶制度。服饰文化作为社会的物质和精神文化，是"礼"的重要内容，被赋予了强烈的阶级性。❶

2.社会经济对服装的影响

服饰与时代的政治、经济密切相关。夏、商、西周三代是中华文明的开端时期。原始社会后期生产力的发展引发了政治、经济、文化等领域的一系列变化。夏代是奴隶社会的开端，商代是奴隶社会的发展，西周是奴隶社会的高峰，春秋战国时期是奴隶社会的瓦解阶段。

---

❶　黄能馥、陈娟娟：《中国服饰史》，上海：上海人民出版社，2014 年，第 50 页。

夏朝是一个奴隶制王朝，其政治体制是奴隶制，奴隶主占有全部的土地，并拥有大量的奴隶。奴隶作为奴隶主的私有财产而存在，是当时经济发展的主要贡献者。由于奴隶的不断耕作，经济得到了很大的发展。"五谷"的种植说明了农业品种的增多。由于农业发展的需要，出现了目前所知最早的历法，即后人整理编著的《夏小正》。

夏、商、西周三代以青铜铸造为代表，商、西周是青铜制造的繁盛时期，青铜铸造成了当时最主要的手工业部门，生产了大量的青铜器，因此这三代被称为"青铜时代"。以玉器加工、纺织、陶瓷、漆器制作为主的手工业也得到了快速发展。玉器雕刻精美、数量多，安阳妇好墓出土了700多件玉器，其造型之华美，令人叹为观止。

纺织业因蚕业的发展而突出，甲骨文和《诗经》中记载了这一时期蚕丝、酿酒等相关内容。从夏朝起王宫里就设有从事蚕事劳动的女奴。商代王室设有典管蚕事的女官，叫女蚕。到了西周，王宫府里设有庞大的服装生产与管理机构，叫"典妇坊"，典妇与王公、士大夫、百工、商旅、农夫合称"国之六职"。西周时期原始纺织品种比较丰富，有了平纹、斜纹的提花织物，出现了绣、绘纹样。手工产业多、分工细、产品精是商周手工业的特点，说明从夏、商、西周三代的经济体制已经十分完善了。经济的发展有助于纺织服装手工业进一步向前发展。❶

3.百家争鸣对服装的影响

春秋战国时期，诸子百家的讨论中虽然没有一部专门论述服装的书籍，但是不少论著中有大量篇幅涉及服装美学思想，这些思想对当时以及后世的衣着有着深远的影响。

（1）儒家思想对服装的影响

以孔子、孟子为代表的儒家思想家提出了"博学于文，约制于礼""宪章文武""文质彬彬"的理论，推崇人的文饰，认为"文采"是修身的首要。荀子提倡"修冠弁衣裳，黼黻文章，雕琢刻镂皆有等差"，把服装看作是"礼"的重要内容。

---

❶　王鸣：《中国服装史》，上海：上海科学技术文献出版社，2015年，第33页。

（2）墨家思想对服装的影响

以墨翟为代表的墨家思想家提倡"节用""尚用""非礼"等思想，认为服饰不应过分豪华。"食必常饱，然后求美；衣必常暖，然后求丽"这一思想认为服饰的实用功能先于其审美功能，"以裘褐为衣，以跂蹻（草鞋）为服，日夜不休，以自苦为极"强调了不怕清苦、追求艰苦朴素的生活作风。墨子还将生活用品分成两类：一类是生存所必需的，另一类是奢侈的。他只要必需，反对奢侈，认为在衣、食、住、行方面的消费都要以满足基本的生理需要为标准。《墨子·节用上》记载"冬以圉寒，夏以圉暑。凡为衣裳之道，冬加温、夏加清""适身体和肌肤而足矣，非荣耳目而观愚民也"，指出衣服冬天用以增加温暖，夏天用以增加凉爽，只要适合身体、肌肤舒服就够了，而不是用来向他人炫耀的。

（3）道家思想对服装的影响

以老子、庄子为主要代表的道家思想提倡穿衣戴物要崇尚自然，并主张"清净无为""趋向自然，无为而治""被（披）褐怀玉"的境界。这种思想对后世的魏晋南北朝影响较大。从《道德经》中可以看出道家思想的服饰消费观是"朝甚除，田甚芜，仓甚虚；服文采，带利剑，厌饮食，财货有余。是为盗夸，非道也哉。"这是指当朝政腐败、农田荒芜、粮仓空虚时，人君仍穿着锦绣衣服就是无道，在这里老子将奢侈的服饰消费等同于无道。

（4）法家思想对服装的影响

法家思想以商鞅、管子、韩非子为主要代表。在服装观念方面与儒家、道家、墨家颇有类似的地方。韩非子提倡"崇尚自然，反对修饰"，支持墨家观点。《管子》中说"四维不张，国乃灭亡"，其中"四维"是指礼、义、廉、耻。简单来说，"礼"指文明礼貌，"义"指正义行为，"廉"指廉洁奉公精神，"耻"是指要有羞耻感。另外，法家还推崇"废私立公"的思想，这与我们现在所说的"大公无私"的公私观是一致的，它曾把我们民族的"利他"精神推到了最高位置，对当代及后世都有着十分积极的意义。

（5）阴阳家思想对服装的影响

以邹衍为代表的阴阳家思想家提出了"阴阳五行说"。其中，对服装影响最大的是与之对应的五行之色，即白金、青木、水黑、火赤、土黄。将五色与中国传统文化的认知方式相结合，与五行相对应，构成了所谓"五方正色"

的图示，将之与生命道德联系在一起，如商以金德王、尚白色；周以火德王、尚红色；秦以水德王、尚黑色等。服装色彩也被作为政治理论的外在形态而被直接提出，用服装色彩来"别上下、明贵贱"，色彩成为阶级差别的标志象征，其中黄色成为皇帝的专用色和王权的象征。

4.先秦服饰的特点

商周以前的服装形式主要采用上衣下裳制，是我国早期衣裳制度的基本形式。上衣多为交领，服装以小袖为多，衣长大多在膝盖部位，腰间用绦带系束。衣服的领子、袖子、下摆边缘都有不同形状的花纹图案。下裳是保护下体的衣服，把遮前蔽后的布幅连成一体，成为围裙的形式。上衣用正色（赤、黄、青、白、黑五种原色），下裳用间色（以正色相调配而成的颜色）。❶

先秦时期的服装多为交领右衽形式。所谓右衽就是让左衣领盖住部分右衣领，这样左衣领的边缘看起来就向右下倾斜，衣襟看起来很像小写英文字母"v"。中国古代华夏民族受传统思想文化影响，把身体的左侧视为阳，右侧视为阴。阳面在上，阴面在下，阴阳是绝对不能搞颠倒的。所以有左为上的习俗。穿汉服多为右衽交领，如果左衽就会被看作异族，或是丧服。交领右衽是汉服的主要形式，几千年来一直贯穿始终，这也是当时中原地区汉族服饰与域外少数民族服饰的主要区别之一。

春秋战国时期服装形式主要采用上下连属裳制，即上衣和下裙中间缝合相连，不管是上衣下裳形式的服装还是上下连属的袍服，衣服开合均用带子系结完成。远古时期人们用兽皮当衣服御寒时，常将一整块兽皮中间挖个洞，套在脖子上自然下垂，腰间用皮质带子或藤条系扎。麻、葛、丝面料织物产生后，人们用多幅布根据人体形态制成上衣，裁剪形式近似现在的中式罩衣，但是当时衣服均没有扣子，直至明朝才普遍使用扣子，所以传统服装用带子系结衣服是汉服的又一形式。

服装在夏商之前就有等级区分，到了西周时期就更加明显，规定以服饰作为区别尊卑等级的标志之一。不同的社会阶层用不同的款式、不同的色彩、不同材质的面料和不同高度的帽子加以区别。贵族阶层头戴高冠，衣服造型多

---

❶　赵刚、张技术、徐思民：《中国服装史》，北京：清华大学出版社，2013 年，第 23 页。

为宽袖，衣领、袖口、门襟裾边，均有花边或拼贴异色布料作为装饰。不仅起到审美、显示尊卑的效果，还具有坚固耐磨的实用功效，使形式美和实用性相统一。而平民百姓多戴矮平冠，衣服多为粗布、窄袖，没有花纹装饰等。不同的季节、不同的礼仪场合，不同社会阶层的人也要根据自身的地位高低穿着不同色彩和不同装饰纹样的服装。

早期的男装与女装、成人装与童装，无论是服装造型，还是面料、色彩、纹样图案都比较类似，区别不大。男女都穿上衣下裳和深衣，只是在衣服长短和细枝末节上有所不同，老幼服装主要是大小上的区别，童装就是大人服装的缩小。女性后来则以襦裙为主，逐渐与男性服装有所区分，形成自己的特点。另外，古时候特别强调以男女服饰体现婚否区别，从男性的冠帽和女性的发髻佩饰上，很容易区分单身或婚嫁，形成古代服饰又一特色。

从古代流传的文献记载看，先秦服饰还有一个重要特点就是服饰具有象征寓意性。帝王百官的冕服，平民百姓的深衣，服装衣袖圆如规、领如矩的"规矩"寓意，服色天缥地缥的色彩含义以及章纹图案等，都被赋予了一定的象征寓意，体现出先秦时期汉服的特色。

（二）秦汉服饰

1. 社会文化对秦汉服饰的影响

（1）社会经济对服饰的影响

秦、汉是中国封建经济政治文化制度的奠基时期，这一时期的经济、政治、文化在继承前代的基础上有了更大的发展，服装形制与服饰文化迎来了第二个发展期，服装与佩饰更加丰富多彩。

秦始皇统一中国后，建立了第一个封建制政权，汉代经文景之治和汉武帝的励精图治，达到了封建王朝的鼎盛阶段。秦汉时期的服装文化在传承商、西周服制的基础上，吸收了春秋战国时期各诸侯国服饰之所长，进一步规定了适应封建制社会文化的服装制度。从此，以皇权地位为中心的儒家服饰思想和封建服制被法定化。

中国丝绸自秦汉时期开始远销四方。这一时期的衣料比春秋战国时期丰富。张骞奉命两次出使西域，开辟了中国与西方各国的陆路通道，成千上万匹丝绸被源源不断地外运。于是，中华服饰文化开始走向世界。

秦汉时代，随着舆服制度的建立，按名位而分的礼仪等级制度更加严格。深衣也得到了新的变化发展，出现了汉代袍服等新的服装款式。这一时期的服装面料有了较大的发展，绣纹多有山云鸟兽或藤蔓植物花样，织锦有各种复杂的几何菱纹以及织有文字的通幅花纹和高鼻卷发的人物形象。

另外，秦汉时期不同经济条件对服装的制约也是明显的。上层社会与下层社会经济条件的差异，使在上层社会尽享宽衣博袖的华服美饰的同时，更多的普通百姓只能穿着紧衣窄袖的土布陋衣。在少数人剥削大多数人的社会里，上层社会的达官贵人将当时服装的所有成果，以极尽夸张奢靡的方式现于一身，他们可以不顾劳动者的温饱，只求满足个人无尽的私欲。而由于经济条件、政治地位等因素的制约，这种情况在下层社会是不可能出现的。

秦汉时期的服饰特点，不仅体现在服装材质和织造工艺上，也体现在服装面料的印染技术上。汉代印染技术已十分发达，马王堆一号汉墓出土的染色织物颜色已达 20 多种，充分反映了当时印染技术水平所达到的高度。根据对这些染料的化学分析，可知当时的植物性染料有茜草、栀子和靛蓝，矿物染料有朱砂和绢云母，这些植物可染出红、黄、蓝三色。秦汉时期，麻类植物种植广泛，遍及黄河流域，因麻布的纺织工艺简单，麻成为当时普通百姓服装的基本材料。"布衣"一词即由此而来——"古者，庶人耋老而后衣丝，其余则麻枲而已，故名曰'布衣'"。汉代开始把"棉"用作服装材料，其中"白叠"就是我们常见的棉花纺织成的布，而"桐华布"，后世文献称为"古贝"，则指用木棉纤维加工而成的面料。不过此时棉刚刚从印度传入，并未普及，丝帛和麻布仍是当时不同社会阶层的主要服装材料。

（2）意识形态对服饰的影响

①秦汉时期人们的着装意识

秦汉时期无论服装形制还是服装色彩都深受阴阳五行学说的影响。以服色为例，《史记·历书》记载："王者易姓受命，必慎始初，改正朔，易服色。"其认为秦灭六国，是获水德。而五行学说认为水克火，周朝是"火气胜金，色尚赤"，秦灭周，是水德胜；水在季节上属冬，颜色是黑色，因而秦代服色尚黑，就连旌旗的颜色也大面积采用黑色。

汉朝时，统治者认为汉承秦后，当为土德。五行学说认为土胜水，土是黄色，于是服色尚黄。方术家又把五行学说与占星术的五方观念相结合，认为土是黄色象征中央，木是青色象征东方，火是红色象征南方，金是白色象征西方，水是黑色象征北方。青、红、黑、白、黄这五种颜色被视为服装正色，以黄为贵，并将黄色定为天子朝服的色彩。后来又认为天子是统一的象征，代表了天下各方的颜色，因而要求天子服装颜色须按季节不同而变换，即孟春穿青色，孟夏穿赤色，季夏穿黄色，孟秋穿白色，孟冬穿黑色，以此形成汉代服饰色彩礼俗。而介于五色之间的间色、杂色则多为平民服饰所采用。秦汉时期服装色彩的五方正色信仰，构成了传统服装的基色而代代传承。

汉代思想家董仲舒主张"罢黜百家，独尊儒术"，从西汉开始，儒家思想得到发扬光大，儒家学说对后代产生了重要的影响。有关"天道"的观念成熟在先秦，而定型在汉代，来源于庄子的"天人合一"思想被董仲舒发展为"天人合一"的哲学体系，并由此构建了中华传统文化的主体。"天人合一"既是对中国远古自然崇拜的继承与提高，同时又对中国人融于自然的服饰观起到了理论上的指导作用。

"天人合一"的哲学思想与汉代服饰有着密切的关系，汉代的"天人一也"和"天人感应"思想对服饰的影响在于当时的"四时服"与"五时衣"形制。《太平御览》记载："天子春衣青衣，夏衣朱衣，秋衣白衣，冬衣元衣。"东汉马融《遗令》记载："穿中除五时衣，但得施绛绢单衣。"对照"五时衣"所选择的五种颜色来看，中国古人并未考虑到四季的温差，而是努力寻求与大自然精神的统一。

②佛教的传入与道教的兴起对着装的影响

对中国影响最大、最广泛的外来宗教是佛教。佛教起源于古印度，西汉时由西域传入我国内地。东汉明帝时，在都城洛阳建造了中国第一座佛教寺院——白马寺。宗教是一种社会意识形态，是对人们现实生活的虚幻反映。佛教的传入得到了汉代统治者的扶持和提倡，于是成了众多平民百姓与达官贵人的信仰。佛教的传播对社会生活有着广泛和深远的影响。在艺术方面，随着佛教的传入，带有佛教艺术特色的塔、像、寺建筑兴起，石窟艺术、雕刻艺术、绘画艺术、音乐和舞蹈艺术都受到不同程度的影响，保存至今的不少塔寺建筑，如闻名世界的敦煌、云冈、龙门石窟等成为我国雕刻艺术的瑰宝。

佛教的服装文化同佛教的教义一样，传入中国之后就与中国的传统文化、民间文化及风情民俗结下了不解之缘。由于流传的时间久远、地域广阔、民族众多以及风俗民情的不同和地理气候的差异，佛教服装在各个地区、民族形成了各自不同的服装文化。印度地处热带，僧人一般赤脚，不穿鞋袜。由于中国气候比印度寒冷，风俗习惯也大有不同，佛教传入中国之后出家人都穿鞋袜。同时，佛教僧侣的服装也有很大的改变。最初汉朝的僧人是依师出家，用所依师之姓，仍然穿俗家的服装，并不是穿印度僧人的袈裟，后来渐有变化。汉朝流行的普通人所穿的内衣、内袍，就是僧人平常穿的大褂。汉朝流行的缁衣也曾是借用僧尼的服装色彩元素。出家僧人平常穿用的僧袍的某些形式被借鉴到俗人的袍服上，后来出现的"衲衣""水田衣"也是受此影响。

道教是我国土生土长的宗教，东汉时期在民间兴起，尊奉老子为教主，称"太上老君"。道教对秦汉服装的影响随处可见，道巾、道袍、道用草鞋、棕扇等对秦汉服饰用品的影响最大，道教的阴阳色彩体系对民族服饰文化也产生了巨大影响。

2. 秦汉服饰的特点

秦代服装造型大致沿袭周代服饰形制，而且更加整齐划一。秦朝上下崇尚黑色，朝廷文武群臣的祭祀服装均使用黑色大袍，头戴黑色长冠，服饰用品与室内装饰、军中帐篷与军旗均使用黑色以顺应天意。

秦朝灭亡后，汉朝初期大体沿袭秦朝各项旧制，仍然崇尚黑色，后逐渐由黑色变为尚黄色、赤色。汉文帝的袍服第一次采用黄色，从此开始用黄色作为皇帝朝服的正色，一直沿用到清朝。不过汉代时期的黄色袍服还没有像后代那样禁止民众服用。封建帝王长期以黄色作为最高贵色，象征中央（中原）的尚黄风气一直延续下来。

秦汉时期的男子服装都以袍为贵，属于汉族传统服饰，衣领一般开得比较低，领口露出内衣。秦朝袍服袖子比较窄瘦，袍服长到膝部，多为短袍；汉朝袍服款式以大袖为多，袖口做得很小，袍服长到足背，多为长袍。服装基本样式分为曲裾和直裾两种类型。秦朝与西汉时期主要流行曲裾款式袍服。东汉时期由于裤子的不断完善，出现了有裆裤子，所以汉朝后期开始普及流行脱穿方便的直裾袍服。

秦汉时期男女日常生活的服饰形制差别不大，都是采用右衽大襟袍服，不同之处是男子腰部系扎革带，腰带端头装有挂钩，而妇女腰部只系扎丝带。

汉朝服饰制度等级差别十分明显，服饰职别等级主要通过巾帻冠帽以及佩绶来体现。各种不同的冠帽款式、不同的帽式高低、不同的材质与装饰等，都体现出朝臣职官品级的不同。而佩绶即悬挂于腰间用来存放官印的绶带，绶带尺寸长短、颜色和材质织法的不同，是区别官级的重要标志，所以佩绶也是汉代服饰中最大的特色。面料纹样华美和工艺制作技术的精湛也是汉代服饰的主要特点，整体上讲，秦汉服饰风尚由前期的简朴逐渐向后期的精致奢华方向发展。

（三）魏晋南北朝服饰

魏晋南北朝是社会动荡时期，初期，统治者无力改变现状，汉民族服饰形制基本承袭秦汉时期的遗俗，但由于战争频繁，传统的深衣之制已不被男子采用，连属的袍服也逐渐在民间消失。

魏晋时期服饰的最大特点就是宽衣大袖。汉族男服主要是衫，分单、夹两式。魏晋时期的袍衫与秦汉时期的袍服区别在于袍服袖口有袪，而袍衫为宽敞袖口。由于不受衣袪的限制，服装袖子日趋宽博。上自王公名士，下及平民百姓，都以大袖宽衫为时尚。

在男服宽衫的影响下，女子服装款式也多采用褒衣博带、宽衣博袖。而女子服装由于受玄学与西域文化影响，宽袖不同于传统男服大袖，袖子从中部窄瘦到袖口宽大，以 S 形曲线变化，服装多采用飘带造型，面料悬垂轻薄，追求飘逸感和流动的曲线美，使女子服饰就像云中的仙女随风飘荡。

由于战争，南北朝时期的服饰出现了各民族之间相互吸收、逐渐融合的趋势。一方面，一些少数民族受汉族传统文化的熏染，仰慕高冠博带式的汉族服饰，提倡穿着汉族服装，以致形成"群臣皆服汉魏衣冠"的局面；另一方面，在中原地区的汉民服饰，特别是便服、常服，在原来基础上大量吸收了北方少数民族服饰特点，传统的中原服装样式逐渐消失，而胡服则成为社会上普遍的装束，即裤褶、裲裆在中原地区广泛流行。北方少数民族服饰，紧而窄小，衣长多至膝，裤腿宽松，下长至足踝。南方汉民族男子也开始普遍穿起紧身、窄袖短衣，系腰带和穿长皮靴。汉族妇女的服装样式也由原来的褒衣博带、上长下短变成了紧身适体、"上俭下丰"的造型，这是南北服饰文化融合时期的典型特征。

始于汉末的扎巾习俗，到了南北朝时期，已经成为当时男子的主要首服，上到名人贵族、下到庶民百姓都以扎巾为雅。始于商周时期的假髻习俗，由于南北文化的不断融合以及对外来文化的不断吸收，到了魏晋南北朝时期，各种造型奇特的发型已盛行于广大妇女之中。

（四）隋唐五代服饰

隋唐五代服饰丰富多彩、变化多样。一般将其分为两个阶段。

隋朝至唐朝初期为第一阶段，其服饰特点是女子流行面容清秀，以身躯修长、瘦高为美；服装也以瘦长和纤细为时尚，服饰风格基本相同，服装款式大多是上穿短襦下穿长裙、右衽大襟、袖子窄瘦、裙长到地，裙腰用绸带系扎。其最大特点就是裙腰系得很高，有的裙腰系在胸部以下，有的裙腰则系在胸部以上，使上装的短衣和下裳的长裙形成明显的对比。腰节线的提高，使女子身材显得修长苗条，所以瘦高造型是这一时期服装的主要特点。

过去男女皆穿围裳，即裙子，发展到隋唐时期，裙子已经成为妇女的专用服饰，从此以后男子不再穿裙服。隋唐时期妇女的下裳裙子多为丝织品，通常以多幅面料裁剪拼合并以多幅为美，同时流行有单色和多种颜色面料分割拼合制作的裙子。

经过魏晋南北朝以后，由于受胡服的影响，隋唐时期在宫内流行穿半截袖子上衣，此款服装多为对襟，衣长及腰际，两袖宽大而平直，长不掩肘，一般穿在长袖衣的外面，亦可衬在长袖衣内，但很少单独穿用。同时妇女还流行在肩部披搭一种披巾，常用薄质纱罗裁制，上面印染各种图纹，缠绕于肩臂之间，行步时随风飘曳。起初多用于宫中嫔妃、歌姬及舞女，唐代开元以后逐渐普及于民间。

唐代天宝年间，在妇女中流行穿着男装的风尚，它是唐代妇女思想开放、崇尚男子阳刚之气与个性多元心态在服饰上的显露。这种风气不仅流行于宫内，成为贵族妇女的家常衣着，还影响民间普通百姓，许多妇女以身着"丈夫衣服靴衫，而尊卑内外，斯同一贯"为追求。

隋唐时期男子服装以连属袍服，袖子窄瘦为主，领型多为圆领以及翻折领。法服与常服同时并行，法服是传统的礼服，包括冠、冕、衣裳等；常服又称公服，是一般性正式场合所穿的衣服，包括圆领袍衫、幞头、革带、长筒靴等。

隋唐时期用服装色彩区分官吏地位等级是一大特色，从隋炀帝时期就规定"五品以上通穿紫袍，六品以下兼用绯绿"。到了唐代以后，官吏服装色彩等级更加详细并形成了严格的"品色衣"制度。主要用不同颜色的服装区别官级大小，同时还规定官员服装、庶人服装都有自己特定的颜色，不可随便逾越。除了用服装色彩区分等级以外，还佩戴不同质料腰带饰物和不同材质的鱼符，以体现佩戴者的尊卑，使唐代官职等级制度更加明显。

盛唐中期至五代为第二阶段。由于盛唐时期社会稳定，物资充足，休闲乐事，此时女性都以体态丰腴为美。由于身材的丰硕，其服装特点是衣服造型也日趋宽大，袖子肥大超过历代，贵族与平民皆流行宽袖肥衣，以显示雍容华贵的体态，呈现出这个时期独特的华丽开放审美风尚。

对外交流的增加和思想开放，使唐代上层贵族主动吸收西域文化和外来服饰特点，女子多以轻薄的纱罗织物作为服装的面料。服装款式流行袒胸露肩大衫，里面不穿内衣，仅以纱罗蔽体，这是唐代时期女服的一大创举，也是中国历代服饰中前所未有的。由于主动接受外来文化，唐代女子服装领子造型比历代都丰富，它因人、因时、因地而不同。应用较为普遍的就有圆领、方领、鸡心领、直领、斜领、翻领，还有许多种异形领。领子开得既大又低，使穿衣者肩部、胸部、背部全部外露，十分自由开放。

唐玄宗开元年间，胡服之风盛行，宫中与民间妇女皆穿胡服、戴胡帽，使唐代服饰更加丰富多彩、多元开放，形成在中国服饰史上有很大影响的东西方文化大融合。

中晚唐时期男子礼服多为大袖宽袍、长衣丝履，保留周汉时期汉民族传统服饰造型。到五代时期，在圆领袍衫内加饰衬领。

隋唐时期织布染色工艺技术非常发达，服装色彩鲜艳华丽，对比强烈而又协调统一是这一时期服饰色彩的特色。借助工艺的发展，盛唐及以后的服装色彩变得多彩华丽。同时，在面料、织锦技术和图案纹样上都有新的重大变化，组织结构细密，设色精良，品种丰富，达到了前所未有的程度。织物纹样多为直条的连续纹样和规整的散点图案，以若干散点组成各种几何形格子，如菱形、龟背形、棋局形等。图案内容多采用祥鸟瑞兽以及花卉纹样，这些纹样不仅继承了民族传统，还大量吸收西域艺术形式，兼收并蓄，别具一格。

隋唐五代时期，妇女不仅服饰丰富多彩，其头髻发饰也千姿百态。史书记载的各种发髻就达几十种之多，如金香髻、奉仙髻、回鹘髻、半翻髻、高妆花髻等。同时假髻在唐代仍然流行。盛唐时期女子还流行在面部妆饰，脸上敷以铅粉，抹以胭脂；额上画有鹅黄；眉毛的画法也有十多种。特别是晚唐五代时期，上层统治者奢侈之风更加盛行，妇女头饰面妆日渐庞大华丽和怪异繁缛。

盛唐时期，由于统治者的开明，与周边各国交往频繁，通过居住、经商来往在长安的各国使者将灿烂的中国服饰文化传播到世界各地，同时也将周边各国的民族服饰文化特别是西域文化传入大唐。多元文化使唐朝服装与外来服饰相互融合、相互影响，使这个时期的服饰文化大放异彩，更富有时代特色。盛唐时期的经济、文化得到全面的发展，使整个社会呈现出一派欣欣向荣的景象。安定的政治局面为服饰制度的改革和发展提供了有利的条件，使唐代的服装款式造型、色彩纹样、面料质地、服装佩饰等，都大大超过前代。

（五）宋代服饰

沿袭前制维持汉服是宋代服饰主要特征。宋初建国时，衣冠服饰沿袭晚唐五代制度，没有大的变化。衣冠服饰总体来说比较拘谨和保守，式样变化不多，色彩也不如唐代那样鲜艳，给人以质朴、洁净和自然之感。这与当时的经济、政治和思想文化有密切的联系。尤其在当时，程朱理学已居于统治地位，在"存天理，灭人欲"的思想支配下，人们的审美观念也相应变化，整个社会舆论主张服饰不宜过分华丽，而应崇尚简朴。

服装瘦窄、衣衫多为对襟是宋代女子服饰一大特点。在少数民族服饰文化的影响下，服装以瘦、窄、长、奇为特点，上衣有襦、袄、衫、褙子、半臂、背心等多种形制，以褙子最具有特色。衣衫对襟，覆在裙外。贵妇喜欢穿大袖衫，平民百姓喜爱穿窄袖衫，造型比晚唐、五代时期更加瘦长。

妇女下裳多以穿裙为主，并以裙子上的褶多为美。女裙的样式仍保存前代唐风遗俗，有所谓石榴裙、双蝶裙、绣罗裙等名目。同时还将用郁金香草浸染的裙子穿在身上，散发植物清香气。此外，还流行过一种大幅褶裙，裙围用料多在六幅以上，中间施以细裥，俗称"百叠""千褶"，腰间用绸带系扎，并有绶环垂下。

服装色彩淡雅、喜欢碎花图案装饰是宋朝女服的另一特点。服色多采用间色、复色，色调淡雅、文静，合理地运用了中性灰色调。一般上衣颜色比较清淡，通常采用间色，如淡绿、粉紫、银灰、葱白等色，以质朴清秀为雅；下裙颜色较为鲜艳，有青、碧、绿、蓝、白等色，衣饰花纹多为写实的折枝花图案。

宋代男子服装继承唐制，仍以圆领袍衫为主。百官公服也是如此，除祭祀朝会之外，都穿袍衫，并以袍衫的颜色区别等级，其服制与唐朝基本相同，有紫、绯、朱、绿、青等色。隋唐时期的幞头发展到宋代，已成为男子的主要首服。上自帝王，下至百官，除祭祀典礼、隆重朝会需服冠冕之外，一般均戴"幞头帽"。宋代的幞头已经脱离了巾帕的形式而演变成一种帽子。幞头的背后一般都伸出两角，内用铁丝、琴弦或竹篾为骨，外裱纱罗，并弯制成各种不同的形状，有直角、曲角、交角等，从原来的软角幞头演变为内衬木骨外罩漆纱的直角幞头。

宋朝后期奢侈成风，服饰制度混乱，折射出统治阶级的日渐腐朽。当时盛行借紫佩鱼习俗。在唐朝佩鱼袋习俗基础上，凡穿紫色和绯色公服的官员，都必须在腰间佩上一个金、银为饰的鱼袋。穿紫佩鱼被视为荣耀的象征。如果官职太低而又有特殊情况（如出使等）需要佩挂鱼袋时，必须先借紫、绯之服，时称"借紫""借绯"。

经历了五代十国以后，宋代妇女开始普遍缠足，并以三寸金莲的纤弱病态为美，反映了当时统治阶级腐朽的价值观念和妇女地位的低下。像唐代女性穿长靴者已经不多见，这是因为尖足穿靴不便，故多穿尖脚鞋，并有绣鞋、锦鞋、缎鞋、凤鞋、金缕鞋等各种名称。

（六）辽、金、元服饰

辽、金、元虽然都是我国北方游牧民族，但生活习俗和服饰等明显不同。从服饰上看，这三个朝代都有一个共同的特点：既沿袭前代汉民族服饰造型特点，在继承与发展的基础上，保留唐宋时期用服装色彩区分官级大小的服制；又不同于汉民族服装色彩等级制度，保持本民族游牧服饰特色。

游牧民族都居住在我国北方地区，以游牧渔猎生活为主，其服装造型多以上下连属的袍服为主，袍身肥大，袍长过膝，男子多穿圆领袍，女子多穿交领袍，里衬浅色立领内衣。袍袖一般比较窄瘦，衣襟多为左衽大襟，与汉人传统的右衽大襟相区别。用布盘结的疙瘩式扣襻系结袍服，袍服两侧开衩，以便于乘骑与牧猎。由于他们生活在气候寒冷地区，多喜欢用动物皮毛缝制服装或帽子等，皇帝穿最名贵的银貂裘，大臣穿紫黑貂裘，下属穿沙狐裘。

鉴于游牧民族生活环境和文化习俗，其服装多喜欢用绿色、紫色、黑绿色，并以紫黑色为贵。服饰图案多在紫黑底上绣金枝花纹图案。金代喜欢用禽兽图案装饰，尤喜用鹿。《金史·舆服志》中就有女真服饰"以熊鹿山林为文"的记载。鹿的图案大量被采用，除其本身外形较为优美，便于用作装饰之外，还有一个原因，即鹿与汉字的"禄"同音，富有吉祥的含义。元代服装面料纹样，大多取源汉唐以来的神话传说、佛教故事以及民间图案。从西域、印度、波斯传入的织法、纹样、色彩，对纺织具有一定的影响。纹样配色格外复杂、新颖，花样层出不穷，达到了较高的水平。同时由于游牧民族的生活习俗和经常骑马护腰的特点，辽、金时期人们喜欢在服饰腰间扎带，元代服饰喜欢在腰间装饰很多褶裥系扎。又因经常迁徙流动，游牧民族喜欢在腰部佩戴弓、剑、刀、算袋之类饰物，一是生活使用方便，二是装饰美观，充分体现了游牧文化特点。

辽、金、元时期男女多在长袍内穿着长裤或套裤，足穿高筒靴或尖头靴，裤腿放入靴筒内，便于游牧民族骑马放牧猎射和在草原上行走奔跑。

服饰等级森严是游牧民族服饰的又一特点。辽代规定：皇帝、大臣才可以戴帽及裹巾，辽代中下级官吏、平民百姓不能私自戴帽。金代用腰间系带分品级，分为玉带、金带、涂金带、银带。元代官吏实行佩牌制度，第一等贵臣佩虎斗金牌，次为素金牌，再次为银牌。辽、金、元时期服装色彩、面料与花纹以及腰带材质均以官品而定。这个时期最有特色的就是元代贵族服饰，在毛织物或丝织物袍服中加金丝混纺制作，使袍服金光闪闪，高贵华丽。在元代蒙古贵族妇女中还流行戴高大花瓶的高冠，即姑姑冠。

游牧民族男子发式最典型的就是髡发，即把头顶头发剃去，在额前留一排短发，或在耳边留一缕鬓发作为装饰，也有的在耳边披散鬓发，或将左右两绺修剪成各种形状，下垂至肩。妇女常把黄色当作金色，用草原特有的植物涂面，使面部呈淡黄色，犹如金色的佛像，形成独特的游牧文化特色。

（七）明朝服饰

明朝建国后立即恢复传统汉族礼仪，吸取"周汉唐宋"服饰制度。从皇帝皇后的冠服到官吏贵妇的服饰，在形式、色彩、饰物上基本保留汉唐风格。明朝出现了历代官服之集大成现象，成为封建社会末期官服的典范，也成为后来戏剧服装的原型基础。

强调服装的装饰功能，穿着讲究形式美是明朝服装的一大特点。服饰中的纹样图案是根据服装特定部位专门设计而制成的，具有独特的形式美感，与过去服装面料上整匹印染连续纹样，满地装饰有着明显的不同。

明朝官服中胸前背后缀有补子为主要特色，并以补子上所绣图案的不同来表示官级的大小。补子从一品至九品各有区别，文官绣织飞禽，武官绣织猛兽。补子成为区别官阶的主要标志，相当于我们现在的军衔。

明朝官服继承唐宋时期品色规制，继续用服装色彩区分官级大小，但袍服品色有继承又有变化。元朝执政时期，又特别推崇紫色与绿色，把唐宋时期一至三品的紫服，扩大到一至五品官服。在中国传统文化观念中，赤、黄、青、黑、白为五方正色。朱是五种正色中的赤色，紫则是间色；朱是正义的化身，而紫则代表着邪恶。明灭元后最高等级的紫色就在明朝官服中被废除，同时明朝开国皇帝朱元璋姓"朱"自然以朱色为贵色。朱色即为红色，红色成为明朝官服中最高等级服色，形成一至四品用绯色（红色），五至七品用青色，八至九品用绿色的官服制度，并把少数民族崇尚的绿色袍变成最低等的官服，简化了官服用颜色分级的形式。同时还采用腰带材质区分官吏品级高低，修改了自唐代后以花径大小和几何纹来区别品级的服装纹饰，一律改为以面料织花直径大小来区别官级高低，使官吏服饰的等级区分越来越细。

服装普遍使用纽扣是明朝服饰的另一大特点，传统的汉族服饰主要是用带子系结服装，发展到明朝，由于辽金元时期少数民族服饰对汉族服饰的不断影响与融合，汉族服饰开始普遍使用纽扣开闭服装。明朝衣料纹样繁丽多样，一般都色彩浓重，生动豪放，简练醒目。其中较突出的是以百花、百禽、百兽等各种纹样组合起来的吉祥图案。明朝服饰常把几种不同形状的图案配合在一起，或寄予寓意或取其谐音，来寄托美好的希望，抒发感情，将吉祥图案用于服饰是明朝的一大特色。

（八）清朝服饰

满族人入关前，其生活与服饰延续了女真族的习俗，与中原明朝服饰截然不同。在清入关后的二百多年统治中，历史上又一次出现了两个民族的习俗、文化传承相互融合的过程。这一阶段民族服饰的影响大于历史上任何一个时期，这是由于清王朝的强力政策与民间文化在很长时间内相互渗透，而形成具有两种血缘文化的服饰特征。

清朝服饰是典型的游牧文化体现。服饰从头到脚都带有明显的北方游牧民族文化特点，从男子冠帽的花翎到清朝女子的旗头、男子的长发垂肩，从服装的立领窄袖到开襟袍衫，从马褂、马甲到袍服款式的马蹄袖，从脚穿高底马蹄鞋到长筒马靴，无处不渗透着游牧民族的服饰文化特征。

这些服饰的表现与满族入关前的地域环境、民风民俗有着重要的关系。入关前的满族世代居住在寒冷的山林地区，所以满族人不分男女老少都有戴帽子的习惯，这同汉族男子的"二十始冠"及束发绾髻、扎系布帻有着天壤之别。其服装造型款式简洁，没有过多的烦琐装饰，由原来的交领和圆领变为普遍的立领，便于御寒保暖。

满族是一个好渔猎、善骑射的北方民族，对于这样一个民族来说，一切装束都要合体、利落，以利于马上奔驰、游猎骑射、流动过夜等。所以其袍服款式多采用窄袖、开襟造型，短衣采用缺襟、短袖造型，目的就是骑马方便。长袍宽松肥大，白天生活当衣服穿，夜晚就寝还可以当被子盖。

清朝实行的是少数民族游牧文化服饰制度，传统的汉民族服饰制度被终止，不再用服饰色彩区分官级。但统治者融合明朝服制，吸收汉民族"五行色彩"文化，无论品级高低一律采用青色作为官服的色彩，隐喻水克火之含义。皇室贵戚则继续采用汉族帝王使用的明黄色，而将明朝崇尚的红色贬低为下等佣人所穿服装的颜色。服装纹样多以写实手法为主。龙、狮、麒麟等百兽，凤凰、仙鹤等百鸟，梅、兰、竹、菊等百花，以及福禄寿喜、八宝、八仙等，都是常用的题材。女子服饰色彩鲜艳复杂，图案纤细繁缛，层次丰富，富于变化，达到了很高的艺术水平。

在清朝统治期间，因地域广阔，满汉服饰相互融合影响，变化丰富。汉族妇女服装在"男从女不从"（即对汉族男子严格要求遵从满族服制，而对妇女则放宽）的规范下，变化较男服少。后妃命妇，仍承袭明朝旧俗，以凤冠、霞帔作为礼服。普通妇女则穿披风、袄裙，披风里面还有大袄、小袄。

清朝妇女服装面料多厚重，宽边镶滚装饰是一个主要特征，在服装中大量使用花边。花边的使用在中国已有两千多年的历史，最初加在领口、袖口、衣襟、下摆等易磨损处，此后逐渐成为一种装饰并蔚然成风，清朝后期达到顶峰。有的衣服整体都用花边镶滚，多至十八层，形成旗人在历史上以多镶为美的传统习俗。

清朝服装制作工艺精美细致，历代服装无法与其相比。装饰烦琐以及对装饰细节的过分追求，反映了清朝末期封建统治者病态的鉴赏水平，也反映出在国弱民穷的时期统治者的腐朽生活。从整个服装发展的历史上看，清朝服饰形制在中国历代服饰中最为庞杂、繁缛，条文规章多于前代，服饰制作趋向高贵质地和精巧艺术加工。

二、中国近现代服装美学发展

中国近现代服装是指从清末的鸦片战争开始到现在的服装。在这一百多年的历史中，社会变革大，因此服装的变化也大，主要特点是向短装发展。这一时期，清朝传统服装逐渐没落，现代中式服装逐步兴起，同时，西式服装也开始在中国出现，形成了中、西式服装相应并列的局面。虽然传统的中式服装已从主要服装式样退居到了次要的和点缀的地位，但是一些民族固有的服装形式仍一直流行不衰，如特点显著的便服、单褂、夹袄、棉袄等。其中便服上衣缝制得十分得体，穿起来既方便又舒适；中式裤子设计考究，裁剪得当，不会集中磨损膝部和臀部；妇女穿的旗袍，不仅可以突出女性的姿态美，而且对衣料又绝无苛求，即便是粗布，也同样有美观、大方、朴素、文静、典雅的效果。❶

---

❶ 邢声远：《服装知识入门》，北京：化学工业出版社，2022年，第10页。

第二节　西方服装美学体系的发展

一、古代西方服装美学的发展

（一）古埃及时期服装

非洲东北部的尼罗河流域孕育了古埃及文明。古埃及人认为，埃及正是因为有尼罗河才存在，正是在尼罗河的滋养与灌溉下，才成为历史悠久的早期伟大文明古国。埃及早期的耕作者，正是利用尼罗河流域丰产的亚麻，生产出质量较高的亚麻布，而亚麻是古埃及人主要的服装材料。

由于气候炎热，古代埃及人穿衣甚少，衣料轻薄，其纺织技术已经达到极其精巧的程度。但是，由于生产力的局限，衣料并不充足，所以，对于古埃及人民而言，服装是非常贵重的物品。

（二）古西亚时期服装

1.苏美尔人时期服装

苏美尔人时期的服装同埃及人一样，也是用一块围腰布装束身体，有的缠一周，有的缠几周，其端头较宽，由腰部垂下掩饰臀部。

2.古巴比伦时期和亚述帝国时期服装

在古巴比伦时期和亚述帝国时期，服装的基本样式仍然没有很复杂，各代国王都穿着紧身长衣和大围巾衣，但人们对服装的追求和爱好已经发生了很大的变化，更加追求外表的装饰和设计。苏美尔人统治时期的考纳吉斯服上的"流苏"装饰得到频繁地使用，流苏穗饰以及运用花毯的织法或用刺绣方法做成的花纹图案的装饰成为这一时期服装的主要特征。

3.波斯服装

波斯汲取了古埃及、古巴比伦、古希腊的服装特点，构成自己独特的华丽的服装风格。传统波斯人的服装是合身的齐膝束腰外衣和齐足的裤子，这可能是历史上发现的最早的完全的衣袖和分腿的裤子。古巴比伦时期和亚述帝国时期服装样式也大多为波斯男子所继承。波斯人有一种被称为坎迪斯的长衣，袖子呈喇叭状，在后肘处做出许多褶裥，形成了下垂造型，对欧洲后来的服饰设计有一定的影响。

（三）古希腊时期服装

古希腊文明一直被推为西方文明的发祥地。它悠久的历史、灿烂的文化，是影响和推动欧洲社会发展的重要精神支柱。在高度发展的古代文明的背景下，古希腊服装独具风采，以其自然、质朴的风格体现出人类服装发展依赖自然的、真实的美。希腊女神形象的深入人心，使白色成为希腊服装的代表色。事实上，古希腊服装中最常出现的还有紫色、绿色和灰色。古希腊服饰整体感觉舒适慵懒，凸显上身，不注重腰身，胸线以下多为直筒轮廓。宽松的设计加上褶皱、垂坠和立体花卉的白色也几乎成了希腊式服装的经典搭配。

（四）古罗马时期服装

罗马帝国兴起后，古罗马成为古希腊之后的西方政治、文化的中心。与古希腊不同的是，古罗马是贵族专制的共和国，是古代最有秩序的阶级社会，因而古罗马服饰作为表示穿着者身份的标志和象征发挥着重要作用。古罗马的服装总体上和古希腊的服装一样有同样的悬垂效果和设计，但发生了很多重要的变化。首先，常穿的服装是缝制而不是用别针连接的，而且两边都封闭。其次，用绣花布做成的装饰几乎没有了，服装大胆的造型也不复存在。他们的服装有托加（Toga）、丘尼卡（Tunica）、斯托拉（Stola）、帕拉（Palla）等。面料有轻柔的羊毛织物和亚麻布，后期还从东方引进了丝织物。颜色主要有深红色、紫色和紫罗兰色。

古罗马时期女性主要穿斯托拉和帕拉。托加是古罗马时期男性普遍穿着的外袍，其作用与古希腊的希马纯相同，只是形状不同，呈半圆状，较大、较重，也较为复杂。普通人穿白色托加，官员、神职人员及上层社会 16 岁以上的人穿带有紫色镶边的托加，绣金紫袍则是官员将军的礼服，也是帝王的传统服装。

（五）中世纪时期服装

中世纪分为 5～10 世纪的"文化黑暗期"、11～12 世纪的"罗马式时期"和 13～14 世纪的"哥特式时期"。受基督教文化的强烈影响，中世纪的西欧人苦恼于精神与肉体、理性与情感、理想与现实的矛盾冲突中，服装上出现了否定肉体（掩盖身体）和肯定肉体（显露身体）的矛盾现象。

从服装形态上看，中世纪从古罗马南方型宽衣文化经拜占庭文化的润色和变形，再经"罗马式时期"和"哥特式时期"的过渡，最后落脚到以日耳曼人为代表的窄衣文化。从此，西洋服装脱离古代服装平面性的单纯结构，进入追求三维空间的立体构成时代。现代与古代、西洋与东洋，服装文化以"哥特式时期"为交点分道扬镳。❶

（六）文艺复兴时期服装

文艺复兴是指 14～16 世纪的欧洲新兴资产阶级思想文化运动。文艺复兴时期，人们追求个性，反对宗教对人的束缚。文艺复兴的核心是肯定人、注重人性，要求把人、人性从宗教束缚中解放出来，在服饰上表现为人体的造型美和曲线美。文艺复兴时期的服饰为了追求个人意识而日趋夸张和奢华，在设计和制作中也有意借鉴科学与技术中的透视、黄金比例等作为审美依据。由于十字军东征开阔了欧洲人的眼界，他们在意大利的威尼斯、佛罗伦萨、米兰等城市都建有高度发达的织物工厂，生产了大量天鹅绒、织锦缎及织进金银线的织金锦等华贵面料，满足了服装面料方面的需求。

文艺复兴时期服饰的性别特征极端分化，形成性别对立的格局。男装通过壮硕的上半身和紧贴肉体的下半身之对比，表现男子的性感和魁伟；女装则通过上半身胸口的袒露和紧身胸衣的使用，与下半身膨大的裙子形成对比，表现胸、腰、臀三位一体的女子性感特征。男装呈上重下轻的倒三角形，富有动

---

❶ 乔洪：《服装导论》，北京：中国纺织出版社，2012 年，第 62 页。

感；女装呈上轻下重的正三角形，属于静态。

（七）巴洛克时期服装

巴洛克（Baroque）一词源于葡萄牙语 Barroco，本意是有瑕疵的珍珠，引申为畸形的、不合常规的事物，但在艺术史上却代表一种风格。

这种风格的特点是气势雄伟，有动态感，注重光影效果，营造紧张气氛，表现各种强烈的感情。巴洛克艺术追求强烈的感官刺激，在形式上表现出怪异与荒诞，豪华与矫饰。在音乐、雕刻、绘画与服饰上都以华美的色彩和众多的曲线增加世俗感和人情味，一反以前灰暗而直板的艺术风格，把关注的目光从人体移到人与自然的联系上。巴洛克艺术改变了文艺复兴时期的艺术形式和表现手法，很快形成 17 世纪的风尚。

巴洛克时期的服饰具有虚华、矫饰的风格，尤其在男装上极尽夸张雕琢之能事。这一时期可以划分为两个阶段。前阶段以荷兰风格为主，在整体上注重肥大松散的造型，服色以暗色调为主体，配白色花边和袖口，以求醒目。男装采用无力的垂领，肥大短裤，水桶形靴，衣领、袖口、上衣和裤的缘边，帽子以及靴的内侧露出很多缎带和花边。后期以法国宫廷风格为主，盛行欧洲。短上衣与裙裤组成套装，袖口露出衬衫，裤腰、下摆及其他连接处饰以缎带，在宽幅褶子的帽上装有羽毛。而女子服装先有重叠裙，后有散胸服，并饰花边，体现出女性的纤细与优美。

（八）洛可可时期服装

洛可可（Rococo）一词源于法语 Rocaille，意为石子堆或岩状砌石，即用贝壳、石块等建造的岩状砌石。作为艺术风格，起先是指从中国传入的园林设计中常用贝壳和石头堆砌的人工假山和岩洞等，后指具有贝壳曲线纹样的装饰风格。洛可可风格排除了古典主义严肃的理性和巴洛克喧嚣的恣肆。它不仅富有流畅而优雅的曲线美和温和滋润的色光美，充满着清新大胆的自然感，还富有生命力，体现出人对自然和自由生活的向往。

洛可可在服装方面的表现是通过工业革命带动了纺织业的飞速发展而得以实现的。工业革命后纺织业快速发展，从而使服装面料有了更多的选择，花样也更加繁多起来，蕾丝（lace）、花朵（flowers）、蝴蝶结（bow）、系带

（ribbon）等装饰艺术大量运用到女装和男装设计中。这种花样繁多的装饰物在服饰上的大量运用就是洛可可时期典型的服饰特点。其装饰效果突出了女性的柔媚、娇柔和男性的细腻、精致。至此，大量装饰物的使用表现出以男性特征为主的巴洛克风格时期到以女性特征为主的洛可可风格时期的转变。

18世纪中后期以后，洛可可女装造型上最醒目的特征是由裙撑托起向两侧突出膨大的臀部，腰部以下呈长方形；由紧身胸衣将躯干在腰部以上束裹成平挺的圆锥体，正视呈倒三角形，有丰富装饰的肚兜强化了倒三角形的轮廓。这种视觉上像圆弧形穹顶一样的整体造型就是洛可可时期人们相互追捧的夸张的造型。蓬巴杜夫人是洛可可女装最华丽的代表。其服装特别注重额外的装饰，以无数花边、缎带花结、人造花饰物和烦琐复杂的褶皱装饰缀满全身，内裙和外裙上下都装饰着弯弯曲曲的花边、蕾丝，整个服装上上下下如花似锦，美丽富贵。

二、西方近现代服装的发展

（一）1901～1910年，现代服装的发端

20世纪初期流行的服装与19世纪相差无几。1901～1905年，基本上是一个承上启下的阶段，当时女性时装一个突出的特点是贴身。紧身胸衣是从19世纪沿用下来的，是用松紧带等紧紧束缚着胸、腰、臀部，使人体就像字母S一样。它把人体夸张到了摧残健康的地步，对妇女内脏的正常发育是有妨碍的。日装高领，不露脖子，服装紧贴紧身胸衣之外，晚礼服也要衬用紧身胸衣，只是手臂、脖子及胸部可以暴露。廓型是S型的，帽子特大，帽上饰品有鸵鸟毛、玫瑰花球等。总之，这个时期的服装烦琐矫饰，累赘不堪。这时颜色较为淡雅，其颜色多采用浅蓝色、淡绿色、粉红色、奶油色等。在1901～1910年这十年间，科技突飞猛进，生产力发展，对生活影响很大。妇女要求解放，要求走向社会参加工作，所以也要求服装改革。顺应这一变革潮流的设计师中，有一位名叫保尔·布瓦列特的法国人。20世纪初，他曾在巴黎两家非常著名的服装店Doucet和Worth工作过。他打破了紧身胸衣的一统江湖地位，这是他的一大功绩。1908年他的作品在伦敦首次展出，这件女性

服装完全取消了紧身胸衣，再现了人体的天然姿态。衣料选用轻柔的丝绸，露出颈部、胸部，在胸前松散地挽了一个结，完全解除了服装对人体的束缚。在晚礼服上，布瓦列特大量采用具有东方情调的丝绸束发带。布瓦列特设计服装经常采用较鲜明的颜色，为年轻女性所喜爱。20世纪前十年变化不大，最值得注意的是布瓦列特所作的革命性突破，而根本性突破要在下一个十年才全面展开。此外，俄罗斯衬衫也是这个时期比较流行的款式。

（二）1911～1920年，第一次世界大战前后

由于战争的爆发，整个欧洲受到冲击，大批的妇女走向社会。这时布瓦列特在1908年发起的，使妇女服装变得轻松简练、废除紧身胸衣的这场运动得到了普及，深得人心。这个时期的女装有这样几个特点：首先，领口部远比以前低，一种圆领、一种V字领，这在以前是不可想象的；其次，整个上身从胸到腰都较为宽松，使人体的天然形态得到有个性的自然表露，裙子较为紧凑合体，在设计中，将女性腿部线条作为整个人体美的一个重要部分来加以考虑、加以表现，这是一个重要变化。出现了造型和过去相反的"陀螺裙"，上大下小，短齐踝部，后来被演化为极端的款式——"鱼尾裙"。这时已经有装着化妆品的手袋，帽子依然较大。有些妇女留长发，像古希腊、古埃及时期的女子那样，简单地把头发挽成一个松散的结，显得轻松、利索。稍晚些时候，有人剪成了男孩的发型，对后来影响较大。

对这一阶段的时装产生重要影响的一个因素是舞蹈，俄罗斯的芭蕾舞在欧洲备受欢迎。剧中的裙子，尤其是俄国的女士上衣和绣有鲜艳图案的镶边裙子，很受欢迎。随着芭蕾舞等舞蹈的流行，舞蹈服装受到了追捧，如美国职业舞蹈家伊伦·卡斯尔夫妇的服装自由、宽松、无拘无束，具有明显的舞蹈风格。

（三）1921～1930年，"咆哮的十年"

1921～1930年是欧洲最动乱的十年，被称为"咆哮的十年"。总的来说，在西方资本主义世界里，这十年是贫富差别越来越悬殊的十年，这种资本主义在战后疯狂发展，是导致第二次世界大战爆发的重要直接原因。

这个时期服装的特点：当时的女士们通常戴着像一口倒扣的锅似的盘形

帽；裙子或外衣的腰部都做得低于自然腰的位置，降至小腹部的上方 —— 这是当时服装的一种流行处理手法；不再穿紧身胸衣，胸部已不再成为强调的部位，整套服装松散流畅，表现出自然人体的线条美。此外还有一个突出的特点 —— 多样化。

造成多样化现象的一个重要原因是当时的时装设计师们很注意广泛汲取不同时期、不同地方的民族特色。当时的服装受到了文艺复兴时代及其他各个历史时代的民族风格、地方风格的重要影响，形成"中世纪时期服装""文艺复兴时期服装""维多利亚时期服装"等流派。

到了 20 世纪 20 年代，著名的法国时装设计师香奈儿设计了一些新式服装，基本上改变了 1920 年以来低腰长裙的面目。裙子较短，在膝盖附近；下摆不再是宽松多褶了，变成只有几个大褶的、较紧窄的筒裙，上身配穿女式短上衣或套衫；帽子形似小桶，戴得很低。与前几年服装的相同处是腰部位置仍较低，且不强调胸部。香奈儿在 20 世纪 20 年代中期设计的这种筒裙，是 20 世纪以来除了迷你裙之外暴露得最多的一种，以后裙子慢慢加长了。直到 60 年代时裙子才又变得很短，即超短裙，这时才暴露得更多一些。此外，这些服装还有一个值得注意的特点，便是并不强调女性身体的外轮廓线条，不仅不强调胸部，肩、臀部也不强调，外轮廓基本上是直线。这是当时服装在外观上的一个重要特征，在后来很长的一个时期内，服装设计师们对此是采取否定的态度。为了适应服装越来越短、越来越简洁紧凑的趋向，女子发型也变得越发简单，如小男孩发式。

此时妇女不仅就业工作，还更多地参加体育活动，所以对新的浴衣、泳装、滑雪服的需求量越来越大了。简单的露膝短裙，上套腰部较低的外衣，外轮廓线较平直，等等。同时，可以看出这些服装已开始考虑到沙滩装的功能。当时妇女的游泳衣和现代的游泳衣已较为接近了。遮盖部虽仍较多，但剪裁很合身，并有束腰，四肢露于外。妇女滑雪服完全是功能主义的，帽子仍是盘形帽，但戴得很紧；衣服开始用拉链，手套、靴子、腰带等都有明显的保暖功能，而且方便运动。20 年代中晚期出现的这种女装滑雪服开创了现代无性别化服装的先河，男女款式几乎一样，突出强调功能是这些服装的一大特点。

到 20 世纪 20 年代末，女性时装有了新的变化，与 20 年代中期相比，裙子加长了，腰恢复到自然位置，但整个廓型依然相当平直，不强调特别部位，露出长及膝盖的衬裙，这是一种新的短与长相对比的组合方式。这时，晚礼服变化就更大了。虽然仍然较为直线化，不强调特别部位，以胸平臀窄为美，但裙子已变得很长，几乎垂及地面，裙摆处做了很多褶。多褶裙子是 1929 年左右女性时装的一个特征。另一个特点是上肢暴露较多，背部也有部位裸露着，追求一种修长的感觉。女性时装在这十年内经历了一系列的变化，开始铺平了向新的十年发展的道路。

（四）1931 ～ 1940 年，时装史上重要的十年

20 世纪 30 年代的服装非常有特点，对现代服装业一直有着重要影响，20世纪 50 年代以后，国际时装界曾多次兴起过对 20 世纪 30 年代时装的复兴（确切地说是一种怀念）。当代许多时装设计大师都特别留恋和喜欢 20 世纪 30 年代的一些服装，这个时期的服装为现代服装设计奠定了很多重要的基础和原则，的确是很值得研究的时期。

20 世纪 30 年代初期，女装设计上曾有过一个反映危机的短暂过程。当时正处于经济危机之中，沮丧茫然的气氛笼罩着整个西方世界，这种情绪在女性服装中也有所反映。妇女的帽子是下垂的，发式、外套以致丝绸衬衫也都给人沉重向下的感觉，黑色的面料更增加了这种沉闷的气氛。这个阶段没有很长，1933 年以后，危机逐渐得到缓解，经济复苏，服装业就随之出现了新的气象。

20 世纪 30 年代的女装典雅、美观、大方，为现代的时装设计奠定了一个十分坚实的基础。女装从 20 世纪 20 年代那种短小紧凑的基本式样又逐渐加长，最后达到及地长裙的程度。这种趋势最早在 1929 年秋季巴黎时装展上开始露头，1930 年开始在法国和其他国家的时装中出现，直到 1933 年以后才广泛流行。这时出现了一个有趣的情况：很多妇女原先做了 20 世纪 20 年代流行的较短小的服装，但为了赶时髦，又得做长长的衣裙，于是她们便采取变通的办法，方法之一是在原来较短的衣裙边接上截然不同的面料，并且镶边。这种接长的办法后来成为 20 世纪 30 年代时装设计中一种常用手法，即用两种不同材料拼接做成长裙。进入 20 世纪 30 年代不久，长裙又占主导地位。但与1910 年以前不同，20 世纪 30 年代初突出的风格是服装变得柔软、松散，强调向下的流动感和下坠感。

这个阶段服装的颜色仍是比较保守的，广泛地使用黑色、灰色、海军蓝色等作为日常服装的基本色调。晚礼服也以黑色或粉红色、淡绿色、浅灰色、米黄色等纯度较低的柔和颜色为主。为了表现出服装的下坠感，多采用较柔软的材料，如优质羊毛、丝绸、锦缎等。材料的选择是根据服装样式的设计和剪裁要求来确定的。这个时期的晚礼服背部暴露较多，裙子很长，拖到地上，整个体态苗条秀气，背部几乎完全裸露，是这种服装的特点。这个阶段的时装主要向长的方向发展，追求苗条、修长的效果。对胸、腰、臀等女性特征部位并不强调，通过服装表现出来的人体轮廓线基本上仍是平直的，这一点与 20 世纪 20 年代的服装相类似。

（五）1941～1950 年，大战风云

这十年中前五年为大战时期，后五年为战后的复苏阶段。大战时以简朴、功能化的服装为主，便服、礼服、婚服都非常简朴，没有装饰。在此时期，美国开始组织力量对军用品进行较系统的研究。在服装的卫生性、保护性功能，人对服装的适应性，服装尺寸的标准化、系列化、服装标志等方面特别做了大量的研究工作。

这一时期中服装在标准化、功能化方面有很大的发展。

20 世纪 40 年代，十多岁的少年服装开始在美国变得越来越重要。这个年龄层的服装成为当代时装中一个重要的分支。十岁左右的小姑娘有两种趋向：一种是女性味十足的少女装，另一种是无拘无束略带野气的男孩式打扮。男孩式发型通常是把长发梳到脑后束成把，或在头的两侧分成两股。长而过分宽大的绒线衫被戏称为"邋遢鬼"，在少年中很热门。此外，直身裙、长裤（尤其是卷起腿边的蓝斜纹牛仔裤）、白色短袜、球鞋都是典型服装，此种被称为"Tom Boy"，意思是"假小子似的顽皮姑娘"。战时童装方面没有什么进展。在英国，空军飞行员们最受崇拜，他们被称为"美男子"。皇家空军飞行员身穿飞行夹克，围着各自喜爱的丝绸围巾，足蹬飞行靴，留着八字胡，成为一种风尚。

战争结束后，世界面临一个新的发展阶段——急切追求新的生活和新的文化，服装设计也因此取得了很多有意义的突破。这时，人们普遍有这样的想法：战时穿了那么长时间的简单制服，现在该讲究穿了，这种急剧增加的对较好服装的需求，形成了 1945～1950 年战后最初阶段中服装发展变化的新动向，引出了"新风貌"服装潮流的兴起。1944 年欧洲战场即将结束时，英国《时装》杂志记者访问了当时声望很高的时装设计师哈迪·艾米斯和时装史专家詹姆斯·拉弗，征询两位专家对战后服装发展趋势的看法。哈迪·艾米斯认为，妇女在战后对服装的主要要求将会是合身，并要求服装设计的线条能表现人体本身的线条美。他认为长裙会时兴，在式样方面会出现维多利亚和爱德华这两位君主执政时那种女性的趋势，强调女性特征。詹姆斯·拉弗总结了历史上历次大革命、大战争以后妇女服装变化的情况，他指出，战后妇女喜留短发，穿较紧身的衣服，腰线会偏离自然位置，或上或下。他们两人都认为，由于妇女们在战争时穿男性化的服装，所以战后她们会希望能够充分表现出自己温柔娇媚的性格特点，女性化趋势会成为战后女装的重要特征。

在战后初期的 1945 年，法国巴黎的时装设计师们急于从战争的创伤中恢复过来，重振巴黎世界时装中心的雄风，他们推出了一些非常女性化的春夏时装。这些服装款式棱角较少，整体感觉比较圆浑，很强调胸、腰、臀等部位，极具女性特征，避免产生男性化的感觉，肩部很少用垫肩。新款服装吸引了许多欣赏赞叹的目光，但销售情况不佳。

美国本土没有受到战火破坏，而且经济方面发展迅速，所以当时服装的主要市场在美国，时装设计师们尽量针对美国消费者的需求进行设计。

1947 年春，巴黎的服装公司，推出了"新风貌"服装，这种服装从头到脚完全改变了过去时装的基本处理手法，在整个时装发展史中占有重要的地位。"新风貌"的肩部很圆，使用了垫肩，强调肩部线条不是水平的，而是略微向下的斜线，袖子长度通常只到小臂中间，即 3/4 袖，里面衬以长手套。这种较短袖子和长手套的搭配，使女性特征格外明显。对胸部的处理非常强调，可以说，这是继 20 世纪初的 S 型服装以来最突出女装胸部的设计。但与爱德华时代强调大而圆浑的胸部轮廓不同，新面貌装的胸部强调向前上方很硬朗地挺起。上装很紧身，有人戏称为"女人的第二层皮肤"。腰部很细，上衣较短，臀部很翘。裙子有两种：一种是包得紧紧的；另一种则是稍宽松的百褶喇叭裙。白天穿的裙子长至小腿，甚至及踝关节，颜色多为烟灰色。鞋则是很简单的高跟鞋，有时用根细皮带环绕踝关节扣住，有点类似现在的时装鞋。可以明显看出肩斜、胸挺、腰窄、臀大、裙长而宽松等特点，而且在服装的特征部位上加用了少许衬垫。"新风貌"推出后，巴黎重新变成了世界时装中心。但是由于经济、购买力等问题，"新风貌"服装刚推出之际还是受到许多人的反对和批评。

第二次世界大战以后，美国男孩们的服装对现代的男装有一定影响。战后男青年喜穿无领的圆领衫以及颜色鲜艳印有图案的运动衫，这类运动型服装的广泛穿用在 20 世纪七八十年代形成热潮。还有不少小伙子喜欢显示自己的男子汉和军人气质风度，所以偏爱一些类似军装的衣服，这种军队风格在 20 世纪 70 年代男性服装中重新有所抬头。

战后初期，世界人口出生率急剧上升。许多服装设计师和服装商都敏感地意识到，他们将要面对一个充满活力的青年人市场。所以，他们很重视对少年服装、青年服装的研究，其中一个成功的例子便是英国在 40 年代末推出的一款露罗克斯装。这种服装的面料采用纯棉布，印上一些花纹，再配一件夹克装作为外套，简单价廉，充满活力，女孩特别喜欢。在夏天，她们可以穿着这种服装在各种不同的场合下活动，很有弹性；穿上夹克，可以出席正式集会；脱去外套，则可以去沙滩晒太阳；就连出席舞会也可以穿这种服装，只要稍微配上一点首饰，换双高跟鞋就可以了。

泳装在战后有很大变化，分成了两段——胸罩加短裤，虽然短裤还较长，但就整体而言，已经很简洁了，遮蔽部分较少，后来的比基尼——三点式就是由此发展而来的。

继"新风貌"后，1948 年秋，巴黎推出一套"营式装"，肩较圆且斜，腰部比较紧，裙子很窄，从臀到大腿完全是紧紧裹起来的，与"新风貌"宽松的喇叭裙很不相同。到 1949 年秋，先后有"几何线""女外套装"等出现，但均未超越"新风貌"的高度。众多的求变革新的尝试对促进时装业的发展都起到了推进作用。

美国的服装企业为全世界提供大量批量化生产的时装。大批美国买主每年都到巴黎选购服装，这样就产生了一种新的时装生产销售结构。后来，巴黎时装设计师们设计的新装被美国厂家大批量生产出来，使女性赶上新潮流。

（六）1951～1960 年，丰裕的年代

进入 20 世纪 50 年代以来，社会经济得到了新的发展，人们的生活水平有

了较大的提高。同时，人们对服装的需求也越来越大了。

这个时期的服装有很多变化，最重要的一点是大批妇女开始穿着较随意、无拘无束的服装，而不像战前那么正儿八经、衣冠楚楚。其次便是越来越多的妇女以穿著名时装设计师设计的时装为荣。战前时装设计师被当作是缝衣匠，而战后时装设计师则成为引导潮流的重要人物。巴黎已无可争议地又成为世界时装的中心，大量的服装批发商、生产商云集巴黎。

20世纪50年代中还有种较有影响的服装，即"鞘式服装"。上身简洁，无领无袖，远看像一把刀鞘，这款服装也是迪奥公司推出的。1952～1953年间，公司感到"新风貌"已为人们所熟悉，势头有所下降，因而在其基础上推出"鞘式服装"，仍然突出胸、腰、臀的处理，因无袖便设计了长手套。

20世纪50年代中晚期，意大利设计师在男装上下了很多功夫，与爱德华风格的英国西装大不相同，他们设计的男式西装肩部较宽（但并不像美式橄榄球服那样显得方方正正），袖子的剪裁使肩线得以延长，直身，比通常的男装短几英寸，将臀部的裤袋露出，尖头皮鞋也从此时开始在男青年中得到流行。这些服装显得年轻化，时代感强，且较少阶级意识，这是战后首次真正为男士们设计的现代款式，意大利风格很快就成为男装中新的国际潮流。

（七）1961～1970年，动荡的60年代

"动荡的60年代"是20世纪最有特色的十年之一。战后科技的突飞猛进，1945年以后出生的小孩儿——"战后婴儿"到20世纪60年代已进入青春期，开始长大成年了，对社会、对生活都有许多更富挑战性的要求。他们对社会的影响比以往任何一个时代的青年更大，尤其在流行音乐、舞蹈及服装时尚等方面令人瞩目。

（八）1971～1980年，反时装运动

第二次世界大战后出生的婴儿在20世纪60年代里是呼风唤雨的一代，而在70年代，他们已步入中年，政治态度转向稳健，在服装上偏重端庄沉稳。

刚从60年代进入70年代时，服装方面尚未发生本质性的变化。虽然"超短"的变化出现，但这仅仅只是向保守方向转化的开始，并不十分彻底。

对于服装设计师、服装商及服装杂志而言，有一个好的教训：除非真正

能引起妇女们的兴趣，否则她们绝不会像过去那么容易被花样翻新的设计潮流所左右了。时装对她们的影响作用只是一种建议，而不是一种指导了。服装商已经认识到大批量生产是决定他们成功与否的关键，在推出新的服装之前，他们必须要努力做好市场调查和预测工作。自信心被极大地动摇了的时装界以一种变通的态度来面对 20 世纪 70 年代：他们不再急于推出新鲜花样，只要顾客继续有兴趣，继续有销路，他们就继续生产下去。同时还意识到，提供多种的选择看来是最保险的成功之道。

中长服装在长外套方面倒是获得了一定的成功。及膝、露小腿或曳地的马克西外套于 1969 年末及 20 世纪 70 年代初成为时髦青年的新宠，在英国尤其如此。这种外套使女士们重新接受了较长的服饰，并导致这些较长服装在法国和意大利的销量有了相当的增加，这的确是很不简单的成功，因为法国、意大利妇女把很长的服装视为异端。

除了较长的服装重新出现之外，当时在美国和西欧还兴起了一种新的浪潮——"热裤"，当年大街上随处可见穿着热裤的女孩。这种紧身短裤与男装西式短裤很类似，但更紧身、更短一些，仅及大腿上部。上身常配做工精巧、花哨漂亮的夹克，领口和袖口的设计均较夸张；或穿着露出肚脐的短上衣；有时则穿件衬衫，但用下摆在腰部打个结，这种穿着在 20 世纪 70 年代很时兴。

20 世纪 40 年代的时装风格在 20 世纪 70 年代前半期颇有影响。20 世纪 30 年代末特别盛行的狐皮披肩和裘皮外套重新又成为时尚。20 世纪 70 年代前半期流行过厚底鞋。20世纪70年代初期呢子面料很流行。

（九）1981～1990 年，为成功而穿

20 世纪 80 年代是一个回归的年代，一个从动荡、反叛、挑战回归到平稳、保守和安于现状的年代。20 世纪 60 年代被叫作"摇曳的 60 年代"，20 世纪 70 年代则是"狂野的 70 年代"，20 世纪 80 年代却回到正轨了。这个时候的人们反对嬉皮士和他们的生活方式，可以说，20 世纪 80 年代与 20 世纪六七十年代是两个形成鲜明对比的时期，后者从极端的探索改变为现实的态度，人们重新讲究享受，讲究个人事业成功，讲究物质主义，对比前 20 年的精神至上、意识形态为主导的文化，20 世纪 80 年代的确是一个巨大的转折。

20 世纪 80 年代的时装设计中的一个重大的转折是开始出现转移到东亚的现象，日本时装设计师异军突起，先声夺人，十分令人瞩目。从山本耀司、三宅一生到川久保玲，日本设计师从这个时期开始进入世界时装设计的主流，由于设计哲学与西方完全不同，因此十分引人注目，广受欢迎。日本的时装设计使西方时装设计界对过去所有的设计观念进行了重新定义。西方时装设计着重突出人体的轮廓，而日本时装设计却是以包裹的方式再造外形，可以说与西方的传统时装设计完全走向了不同的两端。

03

CHAPTER 3

第三章　服装美学原理

　　作为一名服装设计师，不仅要在创造服饰美的过程中不断熟悉各种造型要素的特性，总结各要素间的构成规律，还要从美学的角度对服装设计加以判断分析。服装设计中的形式美法则既可以作为创作设计的方法，又可以理解为欣赏与批评设计作品的一个角度，还可以作为一种美的形态来对待。因此，服装设计师在进行设计的过程中，不仅要了解、熟悉各种形式要素的独特概念与基本属性，还要善于把握不同形式要素间的形式组合。除此之外，在掌握这些审美法则的同时，还须对各种审美法则进行系统、全面的探索与研究，总结出基本审美规律，在实践中掌握审美法则的基本要领。

第一节　形式美原理

一、对称与均衡

（一）对称

对称是指物体或图案在对称轴左右、上下等方向的大小、左右和排列具有的对应关系（图 3-1）。对称是造型艺术常见的构成形式，在服装设计中表现得尤为突出。对称给人以稳重、大方的外观特征，但也容易造成呆板、拘束的视觉感受。在服装构成中，对称基本表现为以下三种形式。

图 3-1　服装的对称设计（王汗作品）

1.左右对称

左右对称是指人体表现以人体中轴线为对称轴左右对称的形式，所以日常服装的设计以左右对称最为常见，这样看上去容易给人以协调、自然的感觉。

例如，中山装便以其左右对称的形式，传达出庄重、严肃的设计美感。在实际的设计过程中，设计师为了打破左右对称带来的呆板，往往会利用结构上的裁剪线、口袋、装饰物等非对称设计塑造灵动、活泼的局部效果。

2.局部对称

局部对称是指服装中的某一部分或局部造型采用对称的形式，这些被选择的部位往往是设计者精心安排的，有时会起到画龙点睛的作用，常表现在袖口、下摆、领口、门襟等部位。

3.回转对称

回转对称是指以一点为基准，将其设计元素反方向排列组合的配置方式。在服装设计中多体现于图案、装饰物等的排列上。此种对称形式活泼，具有变化感，如传统纹样中的万字纹、太极图等。

（二）均衡

均衡指的是一种非对称状态下的平衡，是指在造型艺术中，图形中轴线两侧的对应部分元素形状、大小虽不相同，但因为设计元素所占面积的大小不同，也可以使整体达到视觉上平定的美感。均衡与对称相比，形式活泼多变，可以用来调节服装庄重、平稳的气氛。

在设计过程中，设计师为了打破对称式平衡的呆板与严肃，力求活泼、新奇的着装情趣，因此经常将不对称平衡的形式美更多地应用于现代服装设计中（图3-2）。这种平衡关系是以不失重心为原则的，追求静中有动，以获得不同凡响的艺术效果。❶

---

❶ 王小萌、张婕、李正：《服装设计基础与创意》，北京：化学工业出版社，2019年，第26页。

图 3-2　服装的均衡设计（李阳作品）

在具体的设计过程中，可以运用多种手法来达到服装的均衡状态。其中常见的有门襟的位置变化、口袋的大小和形状变化、色彩的巧妙处理、图案的灵活运用等方面。

二、对比与比例

（一）对比

当色彩、明暗、形状等的量与质相反，或者几种不同的要素并列且形成差异时，就形成对比。对比的现象广泛存在于各种艺术形式与生活中，也是服装设计中最为常见的形式之一（图 3-3），如大与小、长与短、胖与瘦、明与暗、动与静、软与硬、粗与细、直与曲等在量、质、形上的比较。使用对比可以使设计作品取得生动、活泼的效果，显得更加充实、富有内容。但如果使用过多对比，则会出现变化过于强烈，缺乏统一的效果，因此要在统一的前提下追求对比的变化，把握好主次关系。

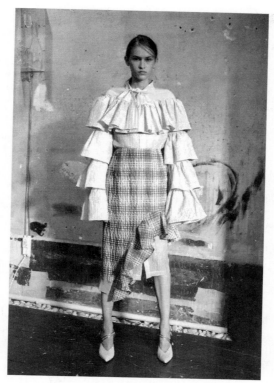

图3-3　服装的对比设计（孙大为作品）

在服装设计的三要素中，对比的形式均得到了体现，具体表现为以下几种形式。

1. 款式对比

人体是有曲线变化的，无论是男体还是女体，其美感的体现均来自各部位形体的对比关系。

例如，男体中肩部的宽阔对比腰臀的收紧，强调了男性倒三角形的体态特征；女体中的提升胸部、收紧腰部、扩张臀部的三围对比关系，显示出女性的X型线条。这就要求在款式设计中突出这些部位来增强对比，增加人体的完美程度。因此，在款式设计实践中，对比主要表现为长与短、凹与凸、松与紧、宽与窄等的设计。

2. 色彩对比

在色彩的配置运用中，常见的有色相对比、明度对比及纯度对比，具体表现为色彩的冷与暖、纯与杂、明与暗等形式的对比。色彩间不同形式的对比，可以带给观者动静、快慢、进退、软硬、胀缩等视觉感受，如暖色调给人以膨胀、前进、明亮、热情的感觉，而冷色调则给人以收缩、后退、冷静的感觉。色彩对比的合理使用，可以使服装本身及穿着者体现出更为丰富的层次感和内涵。

3. 面料对比

面料设计是服装设计中的重要元素。在现代服装设计中，面料的选用及对比关系常表现为面料质感对比。例如，面料的厚重与轻薄、柔软与硬挺、光滑与皱褶等，可以使服装形成不同的效果及风格。在设计中，设计师往往通过面料之间的拼接组合，来完成其对比的效果。

（二）比例

比例的概念来源于数学，指的是数量之间的倍数关系，在艺术设计中，主要指某种艺术形式内部的数量关系，它是通过面积、长度、轻重等的质与量的差所产生的平衡关系。

古希腊的科学家发现了"黄金分割比例"，其比值是 0.618。人体的各部位含有多处黄金分割比例，在服装设计中，也常在款式设计上使用这一比例，以期达到视觉上的最佳比例，取得良好的视觉效果。服装设计中常见的比例分配还有 1：1、1：1.5、1：2、1：2.5、1：3 等。

服装设计中的比例关系多体现在服装与人体、服装配饰与人体、服装的上下衣之间等方面。

1. 服装与人体的比例

人体的完美比例只存在于少数人身上，为了让视觉的比例趋于完美，人们往往通过服装设计的各种手段来修饰人体（图 3-4）。例如，可以利用腰线设计的高低来改变臀部和腰部的长短效果；可以利用裙子、裤子的长短、肥瘦来改变腿部的线条；还可以利用上装和下装的长短来改变上下身的比例。娴熟的设计技巧可以使不完美的人体比例得到很好的弥补，把人体最美的一面展示出来。

图 3-4　服装与人体的比例（王陈彩霞作品）

2.服装部件之间的比例

服装部件之间的比例关系主要是指服装各部位之间的比例对应关系。如领子与衣身之间的比例、衣袖与衣身之间的比例、衣长与裙长之间的比例、口袋与衣片之间的比例、胸围与腰围之间的比例等。要达到协调的效果，设计师在设计时就需要兼顾到人体、服装造型、版型、工艺等诸多因素。

3.服装配饰与人体的比例

服装配饰是现代人必不可少的装扮品，它包括项链、纽扣、腰带、包袋、耳环等，其大小、长短的选择，可以直接影响着装的整体效果。例如，圆脸的女士避免佩戴圆大的耳饰；脖子短的人可以选择修长的项链；身材矮小的人不要携带宽大的包，否则会让人看起来觉得比例失调，使缺点暴露无遗。

4.服装色彩的比例搭配

色彩的搭配也要注意比例的适当分配，如色彩的冷暖比例、纯度比例等。人们在生活中都知道，灰的、深的颜色有收缩视线的效果，暖的色彩有使视觉膨胀的效果。所以，胸部较高的女性经常会选择黑色或灰色的服装，胸部平坦的女性则喜欢将暖色用到胸部分割中。在具体使用过程中，要注意色彩位置分割、面积大小等，做到合理安排。

三、节奏与韵律

（一）节奏

节奏也称旋律，它是来源于音乐、舞蹈等艺术的术语，指的是音乐中音的连续，音阶间的高低、长短在反复奏鸣下产生的效果，是一种有秩序、不断反复的运动形式。节奏是一种有规律的变化，在生活中和自然界中许多规律性的元素都可以构成节奏，如人类的呼吸、海潮的涨落、昼夜的交替等。

服装设计中也常运用这一形式增强服装造型的视觉美感，其节奏主要表现在点、线、面的构成形式上，表现为同一元素的多次重复使用（图3-5），其关键在于设计要素的大小、强弱等的变化通过规律性和秩序性得以统一，并获得充满活力的跃动感。这是一种常用的设计手法，具体表现为造型元素的层叠变化、装饰点的聚散关系、色彩的明度和纯度逐阶段变化、图案或面料在服装中的反复出现等。

图3-5　具有节奏感的服装设计（张卉山作品）

从广义角度理解，节奏也包含了反复、交替、渐变等形式法则。

（二）韵律

在服装设计方面，纽扣排列、波形褶边、烫褶、缝褶、线穗、扇贝形、刺绣花边等造型技巧的反复性或多样性出现都会表现出重复的韵律。因此，重复的单元元素越多，韵律感则越强（图3-6）。❶

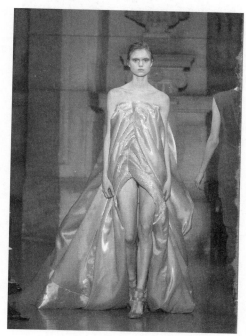

图3-6　具有韵律感的服装设计（殷亦晴作品）

四、夸张与强调

（一）夸张

夸张是一种运用丰富想象力来扩大突出所描述的事物本身的某些特征，以增强表现效果的方法。在服装设计中，夸张常出现于表演装、创意装等的设

❶ 王小萌、张婕、李正：《服装设计基础与创意》，北京：化学工业出版社，2019年，第34页。

计中。夸张的巧妙使用可以突出情趣，吸引注意力，更好地表达设计师的创作意图，取得意想不到的效果。

在服装设计中，可以夸张的部位很多，常见的部位有肩部、袖子、胸部、下摆、领子等位置，其表现手法也多种多样。这就为设计师带来了广阔的想象空间和设计灵感（图 3-7）。

图 3-7　夸张的服装设计（郭培作品）

（二）强调

设计师在设计过程中，在自己的服装作品中都会有自己努力突出的东西，即强调的部分。强调指的是整体设计中的突出部位，是视觉的中心点。它的面积可能不大，却能起到画龙点睛的作用。在具体的设计过程中，可强调的有很多，主要包括对色彩、造型、结构、装饰、面料的强调等。

1. 对色彩的强调

对色彩的强调需要从设计意图出发，如设计是要追求宁静还是活泼，其色彩须配合主题进行设定，才能做到和谐（图 3-8）。例如，在做童装设计时，设计师往往会选用活泼的暖色调和纯度较高的颜色；在做中老年服装时，首选的是饱和的灰色系。当然，设计者会在基本要求的基础上参照流行色的发布来做适时的调整。

图 3-8　服装设计的色彩强调（陈安琪作品）

2.对造型的强调

对造型的强调主要体现在服装的分类上，如运动装的造型要求舒适，职业装的造型要求合体，中老年装的造型要求大方简洁，礼服需要体现女性曲线的美感等。针对不同品种的服装，设计师应了解并掌握目标消费者的身体及心理特征，注意市场信息反馈，在造型设计中不断改进细节，才会受到消费者的肯定。

3.对面料的强调

对面料的要求，设计师和消费者都极为关注。科技的发展和纺织品技术的不断更新，使面料的流行趋势成为服装流行的重要组成部分。新面料的使用提高了服装的品质和品位，美观、舒适、功能、环保等特点成为消费者更为关注的对象。好的设计结合好的面料才会获得最佳的设计效果，因此世界各大品牌每年都在谋求新面料的开发。在设计中，设计师还经常通过各种面料的搭配、改造等来凸显自己的风格特征。

4.对装饰的强调

装饰自古以来都是服装中不可或缺的部分。装饰手段在设计中的表现也是极为丰富的，如刺绣、印染、钉珠、图案、折叠、花边、镶边等。多种多样的装饰成为设计师创作的灵感来源。在应用中，因设计师风格的不同，装饰效果也有所不同。

五、主次与统一

（一）主次

主次指的是对事物局部与局部、局部与整体之间的组合关系的要求。在艺术创作过程中，往往讲究主次分明和层次分明，以达到整体关系井然有序的一种状态，不要出现"喧宾夺主"的现象。在服装设计中，也常看到有很多优秀的设计作品巧思妙想，各部位设计得恰到好处，或突出面料、或突出款式、或突出图案，而让其他的设计部分对其进行烘托陪衬，使服装的整体美得到最大程度的完善。

分清主次关系，对初学者来说显得尤其重要。常看到初学者因为经验不足和急于表现等，使自己作品中要表现的设计点过多，最终导致主次不分，作品显得累赘，缺乏主题统领，破坏了服装的整体性。

（二）统一

统一是形式美的基本法则，有完整、系统、调和的意思，是指在变化与多样中体现出内在的和谐统一。它是对比例、对称、均衡等法则的集中概括。

在服装设计中，统一表现为材质、色彩、图案、工艺手段等在运用手法上相似或一致，使整套服装在变化的基础上仍然呈现出和谐一致的美感。有很多初学者往往将自己想到的许多元素凑在一起，而不善于统一，使服装显得杂乱拖沓。而有经验的设计者往往会选择一个主题，围绕这一主题进行设计，确定所用的材质、色彩等。例如，如果设计主题为"蝴蝶"，那整体服装的色彩、配饰、风格等都要围绕这一主题展开。

　　一件衣服如此，一组服装也是如此。所以人们在观赏时装发布会时，常常看到设计师都会有一个明确的主题，即使展示的衣服很多，也会形成较为明确的统一感。❶

　　总之，服装的形式美法则源于人们在长期实践中所累积的经验。它与其他艺术门类息息相通，掌握它有助于提高人们自身的艺术修养，提升创作能力和欣赏水平。这些形式美法则既有人们固有的审美习惯，又随着时代的变化而发生变化，并随之发展。作为设计师，最重要的是要有一双善于发现美的眼睛和一个善于总结美的规律的头脑。

第二节　视错原理

一、视错的形成

　　视错是视觉错觉的简称，也称视错觉、错视，是指观察者在客观因素干扰下或者自身的心理因素支配下，对图形产生的与客观事实不相符的错误的感觉。

　　学术界对视错的形成原因通常有三种解释：一是源于刺激信息取样的误差；二是源于知觉系统的神经生理学原因；三是用认知的观点来解释视错。比较有影响的视错理论有以下三种。

（一）眼动理论

　　该理论认为，人们在知觉几何图形时，眼睛总在沿着图形的轮廓或线条做有规律的扫描运动。当人们扫视图形的某些特定部分时，由于周围轮廓的影响，改变了眼动的方向和范围，造成取样误差，因而产生各种知觉错误，如缪勒莱耶错觉。作为补充，人们又提出传出准备性假说，认为错觉是神经中枢给

---

❶　侯家华：《服装设计基础》，北京：化学工业出版社，2011年，第35页。

眼肌发出不适当的运动指令造成的。只要人们有这种眼动的准备性，即使眼睛实际没有运动，视错也会产生。

（二）神经抑制作用理论

20 世纪 60 年代中期，有人根据轮廓形成的神经生理学知识，提出了神经抑制作用理论，这是从神经生理学水平解释视错的一种尝试。该理论认为，当两个轮廓彼此接近时，视网膜内的侧抑制过程改变了由轮廓所刺激的细胞活动，从而使神经兴奋分布中心发生变化，导致人们看到的轮廓发生了相对位移，引起几何形状和方向的各种视错，如波根多夫错觉。

（三）深度加工和常性误用理论

该理论认为，视错具有认知方面的根源。人们在知觉三维空间物体的大小时，会把距离估计在内，这是保持物体大小恒常性的重要条件。当人们把知觉三维世界的这一特点自觉或不自觉地应用于平面物体时，就会引起视错现象。从这个意义上说，视错是知觉恒常性的一种例外，是人们误用了知觉恒常性的结果，如潘佐错觉。

上述三种理论都只能解释部分视错现象的形成，而不能涵盖全部的视错现象，关于视错的成因，人们仍在继续探索中。

视错作为一种普遍的视觉现象，对造型设计有着一定的影响。在设计及艺术创作中，研究视错的原理及其规律性，合理地运用视错，可使设计方案更为完善和富于创意。视错在建筑设计、装潢设计、舞台设计、陈列设计中都有大量运用，使观者产生空间上的错误感受，可使较小的空间给人以较大的视觉感受。

二、视错的类别及其在服装设计中的应用

视错从产生原因上可分为来自外部刺激和对象物本身的物理性视错，感觉器官上的感觉性视错（亦称生理性视错）和知觉中枢上的心理性视错等。其中感觉性视错最为常见，一般所说的视错大多属于这个范畴。

（一）尺度视错

尺度视错是指视觉对事物的尺度判断与事物的实际尺度不相符时产生的错误判断，尺度视错也叫大小视错。

1.长度视错

长度相等的线段由于位置、排列等空间差异或诱导因素不同，使观察者产生视觉上的错觉，感觉它们长度并不相等。类似的长度错觉有很多。

（1）缪勒莱耶错觉

也叫箭形错觉。两条长度相等的直线，如果一条直线的两端加上向外的两条斜线，另一条直线的两端加上向内的两条斜线，那么前者就显得比后者长得多（图3-9）。

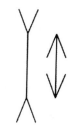

图 3-9 缪勒莱耶错觉

（2）菲克错觉

两条等长的直线，一条垂直于另一条的中心点，那么垂直线看上去比水平线要长（图3-10）。这一视错被普遍运用在服装上。人的视线随线条方向的左右或上下而移动，产生视错。垂直线产生上下延伸感；水平线则产生左右移动扩展感。利用这种视错现象，可使服装在视觉上增加或减少穿着者的高度感或宽度感。不过，"横条显宽，竖条显瘦"的说法要在一定限度范围内才成立。

图 3-10 菲克错觉

（3）潘佐错觉

潘佐错觉也叫铁轨错觉、月亮错觉，若在两条辐合线的中间有两条等长的直线，则上面一条直线看上去比下面一条直线长（图3-11）。

图3-11　潘佐错觉

2.角度、弧度视错

角度、弧度视错指由于周围环境因素不同使相同的角度或弧度看上去并不相等的现象。例如，贾斯特罗错觉中，两条等长的曲线，包含在下图中的一条比包含在上图中的一条看上去长些（图3-12）。

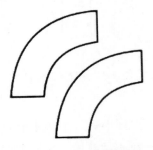

图3-12　贾斯特罗错觉

3.分割视错

使用分割作为诱导因素可使相等的形态看上去大小不同。被分割的形态比不被分割的形态看起来显得大。左边的部分显得比右边的长（图3-13）。

图3-13　分割视错

4. 对比视错

尺度相同的形态与周围不同的诱导因素结合并进行对比时，会产生大小长短并不相同的视错。对比视错在面积上表现尤为明显。左右两图形中，中间的圆是一样大的，但由于被不同大小的圆包围，使得右图中间的圆看上去更大（图 3-14）。

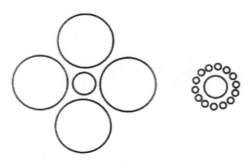

图 3-14　对比视错

另外，由于近大远小的透视规律的影响使同等大的形状处于不同的空间位置也会产生视觉上大小不等的视错现象。

5. 上部过大的视错

同样大小的形状以上下结构构成时，上部显得比下部大，所以上部必须小一点才能取得视觉上的平衡（图 3-15）。

图 3-15　上部过大的视错

（二）形状视错

人的视觉对形的认知与形的实际情况不符合时会产生形状视错。

1. 扭曲视错

由于相关因素或环境的干扰影响，导致形的视觉映像发生变化，从而使形状发生不同的扭曲现象，这样形成的视错叫扭曲视错。

（1）佐尔拉错觉

一些平行线由于附加线段的影响而看上去不平行了（图 3-16）。

图 3-16　佐尔拉错觉

（2）冯特错觉

由于附加线段的影响，两条平行线的中间部分看上去凹下去了（图 3-17）。

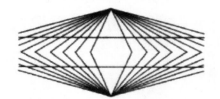

图 3-17　冯特错觉

（3）爱因斯坦错觉

许多环形曲线中的正方形四边看上去有点向内弯（图 3-18）。

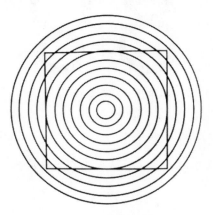

图 3-18　爱因斯坦错觉

（4）波根多夫错觉

被两条平行线切断的直线，看上去不在一条直线上（图3-19）。

图 3-19　波根多夫错觉

2.无理视错

物体本身或背景环境的诱导干扰导致环境的变化或产生某种动感而引发的视错现象。

3.视觉不统一的视错

由于画法的特殊处理，形成异常不安定的形，或者形成心理上的纠葛。

（三）反转视错

同一图形，视觉判断的出发点不同，给人的立体效果就不一样，使图形本身或图底之间产生矛盾反转，或者使人感觉图形局部时凹时凸的现象叫作反转视错。

1.方向反转

观看方向的改变或注目点的转移使视觉对图形的感受随之改变。

2.距离反转

视觉对局部形态的空间深度的理解不同，使图形局部有忽上忽下，时凹时凸的感觉，通过绘画达到一种视知觉的运动感和闪烁感，使视神经在与画面图形的接触过程中产生令人眩晕的光效应现象与视觉效果。

3.图底反转

视觉点在图和底之间进行转换，原先的图换成底，原先的底凸显成图，在视觉上形成可能毫不相干的形。

（四）色彩视错

由于色彩本身的色相、明度、纯度、冷暖变化而导致视觉上的错觉，称为色彩视错。

1.色相视错

在不同环境色彩的影响下，色彩原来的色相会发生视觉偏移。任何两种不同色彩并置时，都会把对方推向自己的互补色。服装设计正是运用这个原理衬托肤色美。例如，穿绿色调的衣服，脸色会显得更加红润一些；肤色较黑的人穿白色的衣服也会显得更加精神一些。

2.明度视错

明度相同的色彩，在不同环境下明度感觉不一样。在背景较明亮的空间明度会降低，色彩将变深；在背景较暗的空间明度会提高，色彩将变亮。因此，穿深色衣服比穿浅色衣服使肤色显得更白。除此之外，高明度的色彩还有膨胀感，低明度的色彩有收缩感，利用这种错觉，让肥胖的人穿上深色暗色的衣服会显得身材瘦削一些；同理，瘦小的人穿上浅色亮色的衣服会显得丰满一些。

3.纯度视错

任何色彩与灰色这种中性色并置时，会将灰色从中性的无彩色状态转变成一种与该色相适应的补色效果。例如，脸色黄而偏黑的人穿上中性灰色的服装会弥补面色的不足，如果穿浅色的衣服将使脸色更加蜡黄，而如果穿黄色或棕色衣服则会把脸色衬托得更黑。灰色作为现代都市服装常用色，同其他色彩相比，能更好地、更准确地传达微妙复杂的情趣和思维。

4.冷暖视错

冷色有收缩感而暖色有膨胀感。在服装上，通过色彩冷暖特点进行衣着选择是常用手法。例如，瘦弱的人穿红、黄、橙等暖色系服装显得丰满；脸色白而泛红的女性，穿湖蓝色会显得健康。原理就是服装的色彩与肤色形成冷暖对比错觉。

　　总之，在服装设计中，由于着装者的体型样貌并非都完美无瑕，而服装并不能从根本上改变人的已有形态，因此利用视错的规律进行服装设计或着装搭配，可造成观者的"视觉欺骗"，使着装者看起来更高、更苗条、更健壮、体型更完美、比例更恰当、肤色更漂亮，从而弥补着装者的"缺陷"，实现扬长避短的审美效果。❶

---

❶　冯利、刘晓刚：《服装设计概论》，上海：东华大学出版社，2015 年，第 171 页。

第四章　服装审美的具体表现

　　服装是人类社会生活的产物，它伴随人类实践活动的始终，体现了人类的审美理想与审美情调。服装审美的具体表现是多样化的、多层次的，主要从服装的风格美、要素美、抽象美、设计美这四个方面展现出来。本章即对服装审美的四个方面进行系统的论述。

第一节　服装的风格美

　　服饰是艺术的一种特殊表现形式，服饰的每种艺术风格都有其典型的艺术特征。美学风格的具体表现总是并行不悖，或交互映衬，或相互融通，充分体现了事物发展变化的逻辑性特征，即由低级向高级逐步上升演进，从最初的遮羞、御寒、护体等实用层面，最终发展到体现社会内涵、文化价值观念和审美境界追求的高级层面上。服装设计追求的境界说到底是美的定位和设计，服饰风格既体现了设计师独特的创作思想、艺术追求，又反映了鲜明的时代特色和鲜明的美的体现。

一、艺术风格与服装风格

　　艺术中的风格是指由艺术作品的创作者对艺术的独特见解和用与之相适应的独特手法所表现出来的作品面貌特征。风格必须借助于某种形式的载体才能体现出来。设计艺术是艺术中的分支，不可分割地带有艺术的特征。每种艺术样式都有自己的风格，尽管艺术载体的不同使艺术样式门类繁多，但是不同艺术样式的艺术风格却有相当的一致性。音乐、美术、建筑都有巴洛克和洛可可风格，也都有印象派和后现代风格，这是因为艺术的发展不是孤立的，必定是在一个社会形态中交替发展和相互影响的。

　　服装风格指的是服装设计师通过设计方法，将其对服装现象的理解用服装作为载体表现出来的面貌特征。服装设计是艺术设计中的分支，其作品也具备一定的艺术风格。正因为服装只是部分带有艺术特征的产品，所以艺术风格的含量也随之减少。服装风格具有明显的商品特征，商品的属性使得服装风格具有不稳定性。

二、服装风格对于服装审美的意义

服装和所有其他的艺术形式一样，通过点、线、面、体四大造型要素，以及色彩、材质等的组合而表现出其风格。风格的形成是设计师走向成熟的标志，也是区别于一般作品的重要标志。风格的本质意义在于，它既是设计师对审美客体的独特而鲜明表现的结果，也是艺术欣赏者对艺术品进行正确欣赏、体会的结果，它在某种意义上揭示了艺术创作与欣赏的本质特征之一 —— 现实世界与审美客体的无限丰富性与多样性。❶

一种成熟的服装风格应该具有独特性，服装是时代的镜子，能反映出时代面貌。服装的风格与设计个性特征有着一致性，并与设计师所处的历史时代发生联系。服装发展史表明，具有不同创作个性的艺术家几乎不可能超越他们所生活的时代，他们的审美判断大多脱胎于其所处时代占主导地位的审美需要和审美思想。

三、影响服装风格的主要因素

（一）社会发展的变化

一个品牌若想生存下来，需要适当地改变风格而适应时代发展。社会的发展是人类思维发展的结果，人类将思维结果付诸行动，改变了社会的原有状态，达到新的平衡。服装作为社会构成的一个部分，不可避免地跟随这种变化，服装风格也随之进行着宏观上的改变。

（二）服装相关行业的发展

随着服装构成元素中的许多成分不断蜕化和演进，就暴露出人们原有的认识局限与不足。尤其是左右服装外观效果的面料不断推陈出新，促使服装风格发生较大转换，引起服装风格的认知困难。电脑喷印、泡沫印花或无线缝纫

---

❶　陈培青、徐逸：《服装款式设计》，北京：北京理工大学出版社，2014 年，第 88 页。

等新加工技术对服装风格的改变也产生一些影响，服装风格模糊性的特点和新生消费者审美观的改变导致原有风格发生忽左忽右的偏离。

（三）服装市场的细分

市场正呈现越来越细分化的趋势，市场细分化使原先的空缺被塞满，令品牌间的风格差异细微化，正如一个色相环上只有三组对比色时，每个色彩之间很容易区分，当一个色相环上出现 100 个甚至上千个色相时，邻近色的区分将变得非常困难。服装品牌层出不穷造成品牌风格"撞车"现象增多，从客观上引起品牌风格模糊。

（四）企业经济效益的影响

对于生产企业来说，生产商品的首要目的是盈利。既然服装是商品，服装企业首先考虑的是如何扩大市场份额。面对激烈的市场竞争，大部分服装企业会受到从众心理的影响而盲从流行。因为只有流行的服装才能带来更好的市场销量，对一些无法把握品牌风格的中小企业来说尤其如此。

四、服装的典型风格

服装风格十分多元，风格特征的形成与服装廓型、结构线、零部件、装饰细节等细分元素密不可分。服装风格不仅是服装设计师要研究的内容，也是人们通过日常着装展现个性的有效体现，穿出适合自己、凸显气质的服装，可以表达个性、自成一派。这里论述几种典型的服装风格。

（一）经典风格

经典风格是指那些经久不衰的经典样式和不被流行左右的传统样式（图 4-1），通常款式较保守，造型稳重、传统，廓型为标准的 X 型、Y 型、A 型、H 型，板型端庄大方，结构线设计偏于常规，面料以单色和传统格纹为主，属于基本款。色彩上，经典风格的服装色彩多以藏蓝、海军蓝、酒红、墨绿、宝石蓝、紫色等沉静高雅、大方的古典色为主。面料上，经典风格的服装面料多选用传统的精纺面料，以单色无图案和传统的条纹、格子面料居多。经典风格多用于职业装和礼仪装。

图 4-1　经典风格服装设计（王汁作品）

（二）中性风格

中性风格（图 4-2）是性别差异不明显的服装风格。随着社会、政治、经济、科学的发展，人类开始寻求一种毫无矫饰的个性美，女性中性服装弱化女性特征，借鉴部分男装设计元素，男性中性服饰也借鉴了女性服饰中的一些造型要素。性别不再是设计师考虑的全部因素，介于两性中间的中性服装成为流行服装风格中的一大类别。中性服装以其简约的造型满足女性在社会竞争中的自信，以其简约的形式使男性享受时尚的愉悦，突破传统衣着规范对两性角色的限制。

如今，中性服装已经演变成女性硬朗有主见的表征，廓型以 H 型、Y 型、倒三角形为代表，线条硬朗，外形方正，采用细小条格、千鸟格等男装纹样，装饰简洁，让女性刚柔并济，展现了另种潜在的气质。中性风格常出现在西装、衬衫、裤子等正装中。

图 4-2　中性风服装设计（马玛莎作品）

（三）浪漫风格

浪漫风格（图 4-3）以甜美优雅深入人心，也称为瑞丽风格（以日本时尚杂志命名），最大的特点是甜美梦幻。浪漫风格的服装采用轻薄飘逸的面料，追求层次感强的垂坠廓型，外形随意、潇洒，装饰十分繁复，大量使用褶皱等元素，尽量加强温柔、柔美、轻盈、性感等特点。浪漫风格常用于裙装、上衣和礼服中。

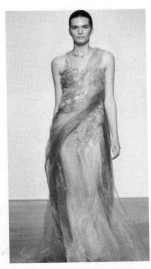

图 4-3　浪漫风格服装设计（殷亦晴作品）

（四）都市风格

都市风格具有都市情调，与大都市的建筑、道路、现代化的景物以及快节奏的生活方式和社交礼仪联系在一起，风格介于休闲和正装之间，讲究服装的机能性，富有时代感，是典型的大众流行风格（图4-4）。

图4-4　都市风服装设计（林姿含作品）

（五）田园风格

田园风格的设计（图4-5）追求一种不要任何虚饰的、原始的、纯朴自然的美，是一种从大自然中汲取灵感，用服装表达大自然神秘力量的服装设计风格。现代工业形成的污染对自然环境的破坏，繁华城市的嘈杂和拥挤，以及快节奏生活给人们带来的紧张和压力等，使人们不由自主地向往精神的解脱，追求平静单纯的生存空间，向往大自然。田园风格响应了这样的诉求，给人们带来了淳朴、原始、自然和不加修饰的美感。田园风格的服装不一定要染满原野的色彩，但要褪尽都市的痕迹，反映在天地中的自由感觉。

田园风格服装设计崇尚自然，反对虚假的华丽、烦琐的装饰和雕琢的美。表现的是纯净、朴素的自然，以明快清新和具有乡土风味为主要特征，以自然随意的款式、朴素的色彩表现一种轻松恬淡、超凡脱俗的情趣。设计师从大自然中汲取设计灵感，常取材于树木、花朵、蓝天和大海，表现大自然永恒的魅力。田园风格的服装一般为宽大、舒松的款式，为人们带来悠闲浪漫的心理感受，具有一种悠然的美感。

田园风格服装常见小方格、均匀条纹、碎花图案、小花边等乡村元素，并融入大量传统手工，装饰粗犷、质朴，只选用棉、麻、毛类的天然材质，多用于日常服装和家居服。

图 4-5　田园风格服装设计（卡里·沃恩和詹娜·威尔逊作品）

（六）运动风格

运动风格的服装在借鉴运动设计元素的同时，越来越多地和流行元素结合到一起，既强调功能性和舒适性，也注重时尚性，成为充满活力、穿着面较广的一种风格。运动风格以运动装的廓型为主，板型符合人体工学的需要，重视功能部件的设计，装饰细节也带有运动感，常用于休闲装和户外装（图4-6）。

从色彩角度分析，运动风格成衣流行特征明显，色彩搭配多采用高明度色、单纯色、对比色、互补色。

从面料角度分析，面料多为天然面料，如棉，麻、羊绒、羊毛、安哥拉毛等，经常强调面料的肌理效果或者面料常经过涂层、亚光处理。

图 4-6　运动风服饰设计（黄皆明作品）

（七）休闲风格

休闲风格（图 4-7）以穿着宽松随意与视觉上的轻松惬意为主要特征，年龄层跨度较大，可适应多个年龄层日常穿着。休闲风格多以中性休闲风格居多，包括大众化的休闲成衣和运动风格成衣。

从款式角度分析，休闲风格外轮廓简单，线条自然，多以直线型、H 型为主，弧线较多，零部件少，装饰运用不多而且平面感强，讲究层次搭配，搭配随意多变。领形多变，翻驳领少，一般为翻领、无领结构，连帽领居多；袖形变化范围较大，装袖、连袖、插肩袖、无袖都有使用；门襟形式多变，有对称的也有不对称的，多使用拉链、按钮等；口袋多为贴袋，袋盖的设计较多；下摆处往往会采用罗纹、抽绳等设计；装饰线使用很多，尤其是明缉线。

图 4-7　休闲风服装设计（李筱作品）

（八）民族风格

民族风格服装借鉴少数民族或民俗服装元素诠释现代服饰的服装样式，带有强烈的民族特征（图 4-8）。这一风格的服装或是对传统民族服饰进行适当改良和调整，保留大部分原貌；或是重新设计出异域风情的时装，使传统与时尚相互融合。民族风格的服装多是平面结构的长款廓型，装饰层层叠叠，以褶裥与饰品为主。民族图案作为展现民族感的重要元素，采用编织、染色或手工艺刺绣制成。民族风格多用于日常服装。

图 4-8　民族风格服装设计（阿佳娜姆作品）

（九）街头风格

街头风格是前沿流行文化的集中体现（图4-9）。表现在服装上，则是打破传统和经典的设计，追求新潮和个性，从迷你裙到朋克装，前卫、叛逆、混搭、年轻，带一点颓废和摇滚，力图营造标新立异、个性鲜明的形象，这种风格的服装设计造型夸张，样式超前，廓型或超大，或超小，装饰新奇别致，采用面料拼接、撞色设计、夸张部件、破坏重组等工艺与技术，构成夸张新奇的主题。

图4-9　街头风格服装设计（上官喆创立的 SANKUANZ 品牌）

（十）优雅风格

优雅风格来源于西方服饰风格，具有较强的女性特征，兼具有时尚感，是较成熟的服装风格（图4-10）。它讲究细部设计，强调精致感觉，装饰比较女性化，外形线多顺应女性身体的自然曲线。优雅风格的服装在人类生活中担负着更多的社会性，表现出成熟女性脱俗考究、优雅稳重的气质风范。优雅风格的女装往往体现在微妙的尺寸间变化中。

从造型要素的角度看，优雅风格服装点、线、面的运用不受限制体的表现较少。面的表达在优雅风格的服装中是最多的，并且多数比较规整；点造型以点级为主；线造型表现比较丰富，分割线以规则的公主线、省道腰节线为主。装饰线的形式较丰富，包括工艺线、花边、珠绣等。

从造型特点看，优雅风格的服装讲究外轮廓的曲线，比较合体。局部设计时领形不宜过大，上衣多为翻领、西装领、圆领、狭长领；采用门襟对称的方式；多使用小贴带、嵌线袋或者是无袋；肩线较流畅；袖形以筒形袖为主；腰线较宽松，显得潇洒飘逸、超凡脱俗。

从色彩角度看，优雅风格服装色彩因面料而异，机织面料多采用灰、白、浅粉、蓝、黑，针织面料多采用棕、黄、蓝绿、灰或彩虹色。色彩多采用轻柔色调和灰色调，配色常以同色系的色彩以及过渡色为主。从面料的角度看，用料比较高档，面料材质多为高科技面料及传统高级面料。

图 4-10　优雅风格服装设计（郭一然天作品）

（十一）未来风格

未来风格（图 4-11）主要表现诸如太空幻想、极地探险、互联网、集成电路、激光技术等融入高科技时代的前沿技术。服装廓型夸张，以茧型、A型、紧身型或超大型为特点，结构呈流线型和交叉线形，夸张肩部、胯部等局部造型，面料或硬朗或轻薄，增加涂层处理，多无传统性装饰，整体外观简洁精练、干净利落，追求新潮、前卫的风尚。

图4-11　未来风格服装设计（艾瑞斯·范·赫本作品）

　　风格的定义是比较抽象的，看待角度不一样，对风格的定义也就有所不同，既有约定俗成的规定，又依赖于设计定位者的用词习惯，并无特定的称呼。在服装发展流行的不同时期，不同的服装风格在流行中所占的地位也不同，有时是成熟优雅的风格占主流，有时是年轻的风格占主流，流行在变，风格也在被不断地演绎。

五、服装风格的实现

　　服装的风格表达了设计师和服装的精神内涵，必须借助于一定的载体实现，设计元素是构成服装整体风格的最基本的单位，这些元素的不同组合形成了迥然不同的服装风格。

（一）通过服装造型形成风格

　　服装造型是服装风格实现的基础，是反映服装风格的主要视觉要素。不同的服装造型给人以不同的审美体验，如直线条的 H 型展现的是严谨、简约的中性风格；曲线的 S 型带来了优雅充满女性化的风格。用 O 型、方型展现随意与休闲；用 A 型、X 型展示华丽浪漫。

（二）通过服装色调形成风格

色调就是颜色的外观，它是由多种颜色组合而成的调子。在服装的三要素中，最先跃入眼帘的就是服装的色彩，服装只有具备了某种调子才能吸引人们的视线。色调能传递出时尚与落伍、奢华与简朴、动感与安静等氛围，因此，它是营造和实现服装风格的重要因素。不同的色调能给人带来不同的感受。大红、金色、香草色、亮黄、草绿、钴蓝等色调能给服装带来华丽的风格；森林色调、枯草色调、棕色调、自然的绿色调等能传达自然的风情；对比强烈、鲜艳明快的色系渲染出强烈与兴奋的氛围，最适于运动风格；对比色、浓艳色的组合是民族、民间主题常用的配色设计；简约主义色彩明净单纯，配色和谐统一。

（三）通过服装的面料组合形成风格

面料对服装风格起着至关重要的影响，同一色调、同一造型的服装若材质不同，就会给人以完全相反的风格印象。面料的质感主要反映在面料的触觉感受、视觉感受和穿着性能方面，不同的面料给人的审美感受也不同，不同的面料组合可以创造出迥然不同的风格。轻薄柔软、滑爽飘逸、悬垂感好的材料，可搭配出迷离、优美的浪漫风格；光滑而又反射出亮光的面料，其耀眼华丽的外观，表现了华贵高雅的服饰风格；厚重的麻织物或肌理较强的面料，能产生浑厚、质朴的自然风貌；精纺面料造型挺括、线条清晰，可表现庄重、稳定的严谨风格。

（四）通过服装的装饰细节形成风格

服装的细节造型和装饰手法是实现风格的构成要素之一。细节设计和装饰设计可以强调和烘托服装风格。如经典风格，从造型元素角度讲，多使用线造型和面造型，因为线、面造型规整，没有过多的分割，较少使用点造型和体造型，是因为点造型容易破坏经典风格的简洁高雅；细节上如常规领形，直筒装袖，对称式门襟等较常用，采用局部装饰如佩戴领结、领花、礼帽等配件。民族风格可以灵活运用各种造型元素，注意细节设计，常用一些特色元素，诸如中式对襟、精美的刺绣、精致的盘扣等，装饰工艺上讲究挑花、补花、相拼、抽纱、扎染、蜡染等，在少数民族服装中尤其重视头饰、颈饰、腰饰的搭配。浪漫风格造型精致奇特，局部处理细腻，吊带、裙褶、各种边饰等最能表达浪漫格调。运动风格以线、面造型为主，线造型多是圆润的弧线和直线，面造型多以拼接形式出现，点造型则以小的装饰图案和商标来体现；细节上圆领、V领、普通翻领较多；多用直身宽松廓形；常用插肩袖，袖口紧小；对称门襟，拉链连接；装饰商标是运动风格服装的亮点。

任何一种服装风格都有特定的设计元素群。当这个设计元素群中的设计元素被集中应用时，产品风格就鲜明而直接。如果这个设计元素群中掺和了其他设计元素，产品风格就模糊或变异，设计师应根据流行及服装的要求灵活运用。

<h2 style="text-align:center">第二节　服装的要素美</h2>

色彩、面料、款式是服装的三要素。一套好的服装设计，必然会拥有这三个要素——成功的色彩搭配、合适的布料与新颖的式样。只有这三者相辅相成，才能实现比较优秀的服装设计。服装的整体美与服装的要素美之间有着密切的关联性。下面将对服装的要素美进行探讨。

一、服装色彩美

色彩是一种大众化的审美形式，它是服装造型艺术的重要表现手段之一。通过艺术家的艺术处理，色彩与其他造型手段相结合，引起观赏者的生理和心理感应，触动其情绪，从而获得美感享受。俗话说"远看颜色近看花"[1]，人在远处首先看到的是服装的颜色，到了近处才能看到它的花纹图样

---

[1] 朱远胜：《服装材料应用（第3版）》，上海：东华大学出版社，2016年，第243页。

和款式结构。因此，服装色彩是服装设计审美效果的第一视觉要素。在服装的三大要素中，色彩给人的刺激最快、最深刻、最强烈。

（一）服装色彩的特性

1. 实用性

这一特性以考虑机能为主，以实用为目的。比如，部队的迷彩服就是以考虑隐蔽自己、迷惑敌人为目的的一种色彩设计。

2. 象征性

不同的历史时期有不同的例子。在我国封建社会里，黄色被看作是皇权的象征，而穿戴"青衣小帽"的则是小老百姓。在现代，象征性在职业服中的应用较为明显，如邮电部门的绿色、医务人员的白色都被看作是象征性的色彩。

3. 装饰性

有些结构简单、款式并不新鲜的服装却能有力地吸引人，正是因为色彩的装饰性起了作用。合理、得体地运用色彩的装饰性，不仅能使服装出色，还能起到装饰穿衣者、掩饰某些不足的作用。

（二）服装色彩对人心理的影响

色彩是服装给人的第一印象，在整个服装效果上起着重要的作用。色彩的深、浅、冷、暖，会引起人们不同的心理感受，还会使人产生视错觉。深色有重量感、安全感、缩小感；浅色有动感、文雅感、膨胀感；暖色（红、橙、黄色等）有温暖、兴奋、活跃的感觉，也有膨胀感；冷色（蓝色等）有寒冷、沉静、深远的感觉，也有收缩感；中性色（绿、紫色等）则介于冷、暖色之间。每个人的审美情趣不同，对色彩各有所好，所以人们对服装色彩的选用有着千差万别。不过，任何色彩只要搭配得当，都可以给人以美的享受。

（三）服装色彩的选择

人们如何从种类繁多、五彩缤纷的服装中挑选出适合自己穿着的衣服，关键在于找到自己服装的色彩基调。服装色彩的基调是由人体因素和环境因素决定的。人体因素包括年龄、气质、体型等。环境因素包括自然环境、生活环境、活动环境、职业环境等。

1.服装色彩与人体因素

服装配色与人的体型、肤色、发色及人的个性、年龄等有关。

（1）服装色彩与人体肤色

肤色白皙或较白的人，服装色彩的选择面较广，可选用深浅冷暖的各种色彩，选用鲜艳明亮的色彩更佳。浅色调服装与肤色相配，能显得莹洁、柔和、素雅、统一；深色调服装与肤色相配，会使肤色显得更加白净，印象鲜明。肤色较黑的人，服装色彩宜选用色调柔和的中间色，使之与肤色起调和作用；而不宜选用过于素静的冷色调或深暗色调，如棕色、黑色会使肤色显得更加黝黑。肤色偏红的人，服装色彩不宜配正绿色，而应配茶绿、墨绿色较为调和，不至于显得俗气。肤色较黄的人，不宜配穿黄色、棕色、深灰、墨绿色的服装，否则会使肤色显得偏黄，而以配穿较浅、柔和色调的服装为好。肤色棕黄、棕红的人，服装色彩不宜配浅色，应以中间色调为佳。

（2）服装色彩与人的年龄、气质

由于每个人的年龄、性格的不同，颜色对人们所起的作用也是不同的，甚至同一颜色作用于不同人身上，其效果的差异程度常常使人意想不到。人的一生中，青春时期能充分体现出生命的活力和美，所以一般说来，年轻人宜穿鲜艳的暖色调。儿童宜选用鲜艳夺目、花色漂亮的服装，但花纹不宜过大，颜色也不宜过杂。但中老年人的情况就不一样了，中老年人无论是年龄还是体形都发生了很大的变化，他们随着阅历的增多和事业的发展，具备了年长者所特有的气质和风度，表现出一种成熟美，因而他们的服装色调更需要协调统一。老年人穿着的色彩要比较平稳、柔和、素雅，给人一种和蔼亲切的感觉，深色和中间色调及在灰色调中具有不同色相的花纹图案都较为适宜。

性格的差别也会影响服装色彩的选定。一般说来，个性很强、活泼好动的人，往往喜好鲜艳色彩，特别是对比较为强烈的服装，也可借助蓝色调和茶色调的服装，使其增加文静儒雅的感觉。性格沉静的人，也可借助斜向黑白条纹的服装，增加其活泼好动的感觉。而沉默寡言、不好社交的人，则宜穿浅色服装，以减轻沉重和不可亲近的感觉。总之，性格温柔的人喜欢温暖的颜色，性格爽朗的人喜欢洁白的颜色，性格内向的人则喜欢深沉的颜色。

（3）服装色彩与人的形体

很多人认为要想穿着美，得有个好身材。其实，身材好固然是个优越条件，可生活中的人们，并不是十全十美的，总会有一些体形特点。如有的人瘦小，有的人稍胖，还有的人臀部过大，或胸部不丰满等。但这并不可怕，只要能正确认识自己的体形，充分运用服色来突出个人优点，就可以获得相对完美的效果。

根据色彩效应，较胖的人不要用太鲜艳的衣料，尤其在冬天，更要避免浅色罩衣和外衣，因为它会使人显得更胖而成正方形，也不要选灰、白等太浅的裤子，而深色或单色、柔和色会使人显得稳重、安详。如果想使自己变得瘦小一些，则可选冷色调衣服，如深绿、蓝紫和深蓝的暗色调，它们是收缩色，从视觉上可缩小人的体态。

身材高大的人不宜穿鲜艳的、明亮度高的色和暖色类。因为这种色类属膨胀色，会使人的体态更庞大，产生奇异的不安感。

相反，身材矮小的人可穿浅色、暖色、鲜艳的服装。但不要把亮度大的鞋子和帽子放在一起，这样会显得更矮。服装和鞋都采用浅色或灰色，配上亮度大的帽子，看起来会高些。长颈、消瘦者可多用红、黄等色的服装，这种颜色是扩张色，从视觉上扩大了原物的体积，显得丰腴。总之，要学会运用色彩，扬长避短，从而达到理想的效果。

（4）服装色彩与人的个性

色彩和人都是有个性的，要使色彩个性与人的个性达到和谐统一，配色就要运用恰当。一般来说，性格柔和的人大多喜欢暖色调，适宜配用柔和而纯度较低的中明度色，而不宜配用高明度、高纯度色的服装。性格开朗的人多喜欢洁白的色彩，宜选配白色和暖色系、高明度、纯度较低的色彩，而不宜选配黑色和冷色系、低明度、低纯度色的服装。性格豪放活跃的人多喜欢鲜艳的色彩，宜选配高纯度和积极的色彩，而不宜选配低明度、低纯度等消极色的服装。性格内向的人多喜欢深沉的色彩，宜选用冷色或深色，而不宜选配温暖、强烈色的服装。正确地选择与个人性格相吻合的服装色彩，可给人带来舒服、称心、愉快的感觉。但这也不是绝对的，有时人们为了调节性格而采用部分色彩对比变化也是可以的。

2.服装色彩与环境因素

（1）服装色彩与自然环境

大自然将一年划分为四季，每个季节都带上与其和谐的颜色。春天气候宜人，万物复苏，大自然中最常见的颜色是蓝色、绿色或水色；夏天气候炎热，万物繁衍，大自然中最常见的颜色是蓝色、绿色、水色或淡褐色；而秋冬季天气寒冷、沉静，大自然的颜色往往是灰褐色或米色。

季节气候不同，人们对服装色彩的要求也就不同。盛夏时装应以明快颜色为主，这样既可以反射强烈的阳光，保护皮肤，还可以给人以凉爽、清新之感，加上适当的配色，会使人更美，而冬季则相反。这样，可以得到服色与季节配色的一般规律：春季服装要求艳丽，夏季服装要求活泼，秋季色彩要求丰富，而冬季服色则要求深重。在实际生活中，要达到服色与季节的协调，一般运用两种方法。一种是调和法，如春天女青年们穿着茶绿色的服装，会给人以协调的美感。另一种是对比法，如冬天白雪皑皑的路上，少女穿着的大红防寒服，这两者呈现了鲜明对比的调和美。

（2）服装色彩与生活环境

一般来说，在乡村生活的人们比较喜欢暖色调，这是因为他们长期生活在宁静、广阔的空间，特别是逢年过节，大红大绿才能显出喜气洋洋的气氛。而生活在繁华城市里的人们，则愿意选择冷色以求得心理平衡。还有，生活在全白、全黑、驼色、土黄色环境中的人们，如采用橘褐暖色调的服装，则会感到舒适、温暖；采用蓝紫冷色调的服装，则会感到静雅、清新；含灰色调的高雅以及强烈的对比又会使人振奋和激动。由此可见，服装色彩的协调必须顾及周围的环境。

（3）服装色彩与活动环境

服装始终伴随着人们的日常生活，因而，对不同用途的服装，其色彩的要求也不同。一般来说，用于喜庆活动，如婚礼、节日庆祝，女性的服色多较为鲜艳，如各种红、淡紫、白、黄、银灰色调，再配上适量的闪光饰物、装饰品，喜庆和欢乐的气氛更为浓厚；男性则常用蓝、黑、米黄等颜色的礼服来衬托喜庆的环境。相反，参加悲伤活动，如葬礼等，对于服色的要求则不同了，一般冷色调较为适宜，如黑、白、灰等。参加各种娱乐活动，则对服色的要求就不那么严格了，一般可随活动的性质和环境的不同而有所改变。例如，青年人参加野外娱乐活动或体育活动等，穿着大红、茜红、葡萄酒红和各种黄、白、绿的服装是很合适的。文艺演出的舞台服装经常由红、紫、白、金、黑等色担任主角，而参加各种联欢会的人们则可根据自己的特点选择较为鲜艳的、符合个性的色彩。参加比较严肃的活动，如会见、参观、访问、谈判、大型宴会等，服装要求比较正规，男装色彩以黑、蓝、灰、咖啡、驼色居多，而女装则以蓝灰、黑、米黄、驼色为宜。

（4）服装色彩与职业环境

此外，职业不同，对服装色彩的要求也会有所差异。一般室内作业的，如教师、研究人员或在家看书学习、休息，易于穿淡雅色调的服装，如米、驼、白、浅黄、浅粉、淡蓝、绿等色，或深的冷色调，如黑、灰、咖啡、蓝等，以保持室内的宁静气氛。而长期工作在外的，如地质工作者、登山运动员则偏爱鲜艳色，如红、天蓝、杏黄、橙等色用来渲染周围空间，以减少空旷、凄凉感。养路工的工作服常为亮度极大的橘黄色，是利用这种极亮的色彩引起司机的注意。此外，运动员的服色也多用纯度高的鲜艳色，如红、金黄、绿等。总之，活动环境的不同会带来不同的服色要求。了解这些规律，才能切实抓住特点，使服色与活动环境有机地配合，达到尽善尽美的效果。

（四）服装色彩的搭配

1.服装色彩搭配的形式规律

服装配色的美是由一定的色彩关系所给予人的一种愉快的感觉。服装色彩的设计不但应该满足各种功能性的要求，更重要的任务是发挥色彩的美感，给人愉快的感觉。美好的配色虽有千万种，其中也有共同遵循的构成原则，这些原则是把色彩的美与不美的条件放在纯粹的形式上加以分析。按照一定的理论原则，通过对色彩的平衡、节奏、强调、分隔、统调形式规律的恰当运用来建立美的色彩结构。

（1）平衡

平衡有物理平衡与心理平衡之分，视觉中的平衡即指一种心理的体验。

色彩知觉中平衡的概念同样是从视觉出发，以心理量为衡量尺度，通过色彩的面积、分布位置、属性特征、质感等因素由感觉加以判断。在服饰中，可以在对称平衡的造型中赋予不对称的配色、不对称平衡的造型中赋予对称的配色，使其统一中有变化，丰富而不失整体感。

（2）节奏

节奏在音乐中是指音响交替出现的不同强弱、长短等有规律的现象。节奏是音乐中形成旋律的根本要素。没有节奏，音乐就不存在。色彩的节奏则是通过色彩要素有规律的重复、渐变而得到的。色彩在视觉上引起流动感，就形成了动的节奏（图4-12）。

图4-12　服装色彩的节奏（Maison Mai 品牌）

（3）强调

在较小的面积上使用与整体不同质的色彩，就形成了强调性配色。强调性配色是配色中的重点。在服饰中使用强调色彩，目的是打破单调、平凡之感，使整体看起来更紧凑。强调性配色在服饰色彩设计中有重要的意义，它常常能使一套看似平常无奇的服装充满生气，富有情趣（图4-13）。强调色彩的成功配置更能体现设计师的巧妙匠心，可称为设计中的点睛之笔。

图 4-13　服装色彩的强调（张辰偍作品）

（4）分隔

在两色的交接处嵌入不同质的色彩，使原配色分离就是分隔配色。衣服上的分隔多用于镶边、花纹、拼接的色彩结合处，在服装的某些局部用一些服饰及配件，如腰带、领带、围巾也能起到分隔色彩的效果，即使一条项链也可以将肤色与服色分离，起到一个缓冲的调节作用。

（5）统调

统调即为了配色的统一而用一个色调支配整体。换言之，就是强调其要素的共同性倾向，将复杂的色彩中共有的色素提出，使之形成一体。统调既可以从色相、明度、纯度等方面进行，也可以从面积方面进行，可以用单一要素统调，也可以多要素并用。

2.服装色彩的搭配技巧

（1）讲究协调

服装色彩的搭配首先要讲究协调，使整体配色看起来舒适、统一。一种颜色用深浅变化来搭配，是最容易协调的，如穿淡蓝上衣、深蓝裤子。但是这样略显单调，因而用不同色彩组合的情况更多。这时，首先要注意色彩不能太多，而且要以一种色彩为主色调，其他的色都要从属于主色，与主色和谐。以暖色为主的色调有温暖、活泼的效果；冷色为主的色调则显得沉静、雅致。明度低（暗）的色调有庄重、稳健感；明度高（亮）的色调则显得明亮、轻快。

（2）注重秩序

服装色彩的搭配还要讲究秩序，就是在配色中讲究适度的统一和变化，保持色彩的均衡而产生美感。色彩比重和块面大小的配置给人一种节奏感，就是一种秩序美。例如，一件无领黑白格长上衣，配一条黑色紧身裙，内穿一件白色背心，再配上黑帽黑鞋。块面大小、深浅层次都有一种秩序美。又如，一件深蓝色长上衣，配一条红深蓝格短裙，再将裙子的色镶在袖口、袋口及领子上，连两排扣子也是红的，这就是用色彩的重复出现形成的秩序美。

二、服装面料美

面料就是用来制作服装的材料。作为服装三要素之一，面料不仅可以诠释服装的风格和特性，而且直接左右着服装的色彩和造型的表现效果。面料的种类很多，但从总体上讲，优质、高档的面料，大多具有穿着舒适、吸汗透气、悬垂挺括、视觉高贵、触觉柔美等方面的特点。

（一）常用的服装面料

1. 天然纤维织物

（1）棉织物

棉织物具有良好的吸湿性、透气性、保暖性，所以穿着舒适。与其他面料相比，棉织物的外观显得朴素、大方。由于它有良好的穿着性能，不会有伤害皮肤之虑，而且价廉物美，被广泛地使用，特别是儿童服装。

（2）麻织物

麻织物面料是由麻植物纤维织制而成的面料。麻织物具有吸水、抗皱、稍带光泽的特性，感觉凉爽、挺括，耐久易洗，质地优美，风格含蓄，色彩一般比较浅淡，质地朴实。但是麻织物也有柔软性差、容易起皱的缺点，所以不适合做内衣以及高档礼服等。

（3）毛织物

毛织物有较好的保暖性、吸湿性、耐磨性和弹性，不易静电起球，所以外观有不皱、挺括的特点。毛织物有精纺、粗纺两类。精纺织物具有表面细腻光洁、光泽柔和、挺括而富有弹性的特点。这是一种高档的服装面料，一般适于风格端庄、优雅的款式。粗纺织物富有肌理效果，手感丰满柔软，保暖性好。这类面料较为粗犷，又常配上条、格等纹样，显得更为丰富、潇洒，因此适合做款式简洁、新颖的秋冬季服装。

（4）丝织物

丝织物是用桑蚕丝或柞蚕丝织成的、或蚕丝与人造丝等交织的面料，统称为丝绸。丝绸有手感光滑、柔软，透气性、吸湿性好，外观富丽光泽等特点，是理想的服装面料。

纯蚕丝织物有较好的吸湿性、保温性和较强的牢度，光泽柔和，手感柔软、光滑，舒适宜人，可根据厚薄轻重，选做各类高档服装。但因丝的弹性较差，平纹结构的织物易起皱；而纬丝加强的绉类和缎类织物则因具有一定的弹性而不易起皱。

柞丝绸有耐洗、耐磨、吸湿性好等特点，是纯丝织物中略具粗犷风格的面料，可作为高档面料。缺点是也会起皱，而且洗晒不当会产生水渍。

交织绸是用丝和棉、丝和人造丝交织而成，最常见的是花、素软缎，织锦缎。织锦缎是交织绸里的佼佼者，它色彩华丽、富有光泽、绸面平挺、花纹精美，很适合做高档的中式服装。

2.化学纤维织物

（1）人造纤维

人造纤维又称再生纤维，以木材、棉秆、甘蔗渣等为原料加工而成。人造纤维织物的触感虽比不上天然纤维织物，但仍比较透气、舒适。如人造棉、富春纺等还有一定的悬垂性，是理想的中低档服装面料。

（2）合成纤维

合成纤维是从石油里提取原料制成。如涤纶、锦纶、腈纶等。这类织物的主要优点是防缩、耐皱、耐穿、易干、免烫，但透气性和吸湿性差，所以有些面料虽然表面美观、挺括，但穿起来很闷。常通过仿丝、仿毛等加工处理来改善它的外观和穿着的舒适性。

3.非纺材料

（1）皮革

皮革是用动物的皮去毛加工而成，有羊皮、牛皮、猪皮等。羊皮革最柔软舒适。革类最大的特点是保温性、耐磨性强，挺括不皱、方便穿着，是秋冬季的高档面料。

（2）裘皮

裘皮是用动物的毛皮加工而成。它比革类更具保暖性、更柔软、更豪华，但由于它昂贵且不环保，人们选用时一般会有所节制。

（3）人造革和人造裘皮

人造革和人造裘皮是仿革和裘的外观的人造面料，在穿着体验和环保性能之间达到了一定程度的平衡。

（二）服装面料美的展现

服装面料的美通过视觉与触觉传递给人心理感受。例如，从材料上看，绸缎给人轻柔感、飘逸感，毛纺织物给人温暖感、细腻感；从纤维结构上看，平纹显得沉静，斜纹显得活跃等；从厚度上看，厚面料给人敦实稳重之感，轻薄面料给人轻飘灵动之感；从光泽上看，深暗色给人严肃深沉之感，浅亮色给人活泼清爽之感。对不同面料特色的合理巧妙运用，可以提升美感，增强服饰美。

1.服饰面料的材质美

面料自身的结构与组织称为材质。面料的美感主要通过本身的质感、色彩、结构等特点表现出来。不同的面料，或通过不同的工艺加工的同一种面料，会给人不同的感觉。人们通过视觉和触觉，感知和联想来体验材质美感。不同的服饰面料给人以不同的触觉、联想、心理感受和审美情趣。

材质美还包括材料的物理性能、化学性能、社会价值和人类情感等内容的审美。服饰面料的材质美，美在视觉美感和触觉美感。材料之"美"离不开用，服饰面料使用柔软保温的棉、麻、丝、毛等，是在实用的基础上符合人类生活美的目标的。任何面料都有其特定的审美价值。一般来讲，贵重面料的审美价值高于一般面料，自然面料的审美价值高于人工面料。面料美还体现出时代精神，面料美集中地反映出一个时代的新材料、新工艺、新技术的发展情况。

2.服饰面料的肌理美

肌理泛指一切面料的表面形态。任何面料的表面都具有一定的组织结构、形态和纹理。服饰面料的肌理主要有视觉肌理和触觉肌理。视觉肌理是用眼看而不须用手抚摸就可以感觉到的。其作用在于丰富服饰面料的装饰效果，其图案和纹样，多来自大自然某些显著特征且为人所熟悉的自然肌理，如云纹、水纹、叶纹等肌理。触觉肌理是指用手触摸能感觉到的肌理，如服饰面料表面采用的凹凸、褶皱、拉绒等方法使表面具有立体、镂空、半立体的肌理效果。

服饰面料的肌理美不仅能丰富材质的形态，还具有动态的、表现的审美特征，体现人类对美的创造性本能。因此，肌理是面料表现力的载体。肌理效果直接影响设计观念的表达和视觉美感的完善。

3.服饰面料的科技美

服饰面料以电子、生物、化学、化纤、纺织工程等多学科综合开发服饰新面料的趋势已不可逆转，各种新面料的研发越来越显示出服饰面料的科技美感。新型服饰面料用途已经呈现出多元化趋势。其作用除满足人们的生活需求外，在与人类活动的相关其他领域中，服饰新面料的作用也日渐突出，为人类提供的服务将是全方位的。

为了使面料尺寸和形态稳定，增进服装面料外观，改善服装面料手感，提高服装面料耐用性能以及赋予面料特殊性能，开发一些具有科技感的新面料是必然的趋势。加入科技成分的面料将会更加注重环保的环节，例如，织物纤维的获得与生产织造印染整理过程更为环保，无毒无害，能再生循环或降解；更加重视舒适程度，以柔顺贴身轻巧，丝绸触感为主要形式；以健康为主题，也就是说面料要适应人体，集棉、麻、丝等天然纤维之长，能提供保护皮肤的温湿度、pH 值等条件的环境以及可能附带的保健功能；更加关注美观的形体，设计与印染、加工裁剪结合，以便生产出时尚与个性化的纺织产品；更加注重实用理念，也就是说原面料易获得，成本适合，易于打理，能适应大众的购买力。

4.服饰面料的工艺美

服装面料经过多种设计工艺的处理，能够呈现出不同的美感。服装面料的设计工艺有很多，这里选取一些具有代表性的面料制作工艺进行论述。

（1）刺绣

刺绣是针线在织物上绣制的各种装饰图案的总称。刺绣是中国民间传统手工艺之一，在中国至少有两三千年历史。中国刺绣主要有苏绣、湘绣、蜀绣和粤绣四大门类。刺绣的用途主要包括生活和艺术装饰，如服装、床上用品、台布、舞台、艺术品装饰等。现代绣法包括十字绣、缎带绣、珠绣、绳绣等。

（2）褶饰

面料的褶皱是使用外力对面料进行缩缝、抽褶或利用高科技手段对褶皱永久性定型而产生的。褶饰能改变面料表面的肌理形态，使其产生由光滑到粗糙的转变，有强烈的触摸感觉。褶皱的种类很多，有压褶、抽褶、自然垂褶、波浪褶等，形态各异。

（3）编结

编结是绳结和编织的总称，主要采用各类线型纤维材料，如线绳、布条等，运用手工或使用工具，通过各种编织技法制作完成的编织物品。编结艺术能形成半立体的表面形式，其织物的肌理、质感、色彩、图案等具有变化莫测的效果，是服装服饰和室内家居用品进行装饰的重要手段之一。在面料再造设计中主要体现在对面料的装饰作用，点缀服装或改变服装风格，既有视觉美感效果，又有触觉肌理效果，搭配出或纯朴或神奇的服饰艺术特色。

（4）花饰

服装面料再造设计中花饰通过多层次或复杂的空间结构，使服装呈现出立体、富于变化的外观效果，在服饰中起着装饰点缀的作用。花饰品主要分两大类：天然花饰和人造花饰。天然花饰有鲜花、干花；人造花饰有绢花、纸花、水晶花、布艺花、丝网花、金属花等。在服装设计中布艺花和丝网花应用较多。

（5）印染

印染是对需要进行图案装饰的纺织服装材料采用一定的工艺，将染料转移到布上的方法。传统印染方法主要有扎染、蜡染、夹染等。

扎染服装具有独特的色晕和放射效果,是中国传统的民间工艺装饰服装之一。江苏省南通市的扎染服装较为著名。蜡染,古称蜡缬,约始于汉代,盛行于唐代,是中国传统的民间印染工艺之一。蜡染能产生独特的冰纹效果,装饰性强,具有鲜明的民族风格。苗族、布依族、瑶族、仡佬族等民族中甚为流行蜡染服装。贵州省安顺市的蜡染服装在国际上亦享有盛誉。

（6）拼贴

拼贴是拼接和贴补艺术的总称。拼接是用各种不同色彩的小块布料拼接在一起的一种造型样式的手工艺技法,可以拼接成对称或不对称图案,包括装饰人物和植物、动物等图形,广泛用于服装设计和室内设计等方面。

贴补工艺是一种在古老技艺的基础上发展起来的新型艺术,即在一块底布上贴、缝或镶上有布纹样的布片,以布料的天然纹理和花纹将工笔画用布贴的形式表现出来。它是以剪代笔、以布为色进行创作的一种装饰手法,充分利用布的颜色、纹理、质感,通过剪、撕、粘的方法,形成有独特色彩的抽象的造型,具有笔墨不能取代的奇效,若用于面料再造设计能创造出面料的浮雕感,给人新的视觉感受。

（7）剪切

剪切是指在皮、毛及一些机织面料上利用剪纸艺术处理成各种镂空的效果,包括手工剪切和机器切割两种。其特点为工艺要求细腻精致,图案精美,制作后的成衣尤显别致,产品档次相对较高。

（8）烫贴

烫贴是指将各种形状的烫钻、烫贴片根据服装部位及图案设计的要求,用熨斗烫在面料上来装饰和点缀服装面料的一种表现方式。其特点为工艺要求考虑因素较复杂,产品质量要求较高,烫贴图案精美,很有视觉冲击力,是提升产品档次的一种极好的途径。

（9）撕扯

撕扯就是在完整的面料上经撕扯、劈凿等强力破坏留下具有各种裂痕的人工形态,造成一种残像。其特点为操作方法比较简单、自主、随意意识较强,设计作品具有现代时尚感,极具个性表现力。

（10）做旧

做旧就是利用水洗、砂洗、砂纸磨毛、染色以及利用试剂腐蚀等手段,使面料由新变旧的工艺方法。做旧分为手工做旧、机器做旧、整体做旧和局部做旧。做旧工艺的特点是由于织物内部结构发生变化而导致其表面效果不同，从而更加符合创意主题与情境，增加服装面料的表现力及艺术个性。

（11）抽纱

抽纱是指在原始纱线或织物的基础上，将织物的经纱或纬纱抽去而产生新的构成形式、表现肌理以及审美情趣的特殊效果的表现形式。

抽纱工艺手工操作相对较繁杂。利用该工艺制成的织物具有虚实相间、层次丰富的艺术特色和空透、灵秀的着装效果。

（三）服装面料美的相关面

服装的面料美并非指衣料图案、花纹的美与不美、新与不新，而指科学地评价与衣服款式相关的四个方面。

1.服装的面料美体现款式的整体美

理想的面料应该充分地显露款式美。飘荡的波浪裙、喇叭裙应该选用质地柔软的丝绸、涤纶棉；挺括、平整的西装宜取全毛花呢、华达呢等；儿童和内衬衣应取吸湿、透气的棉布、粘胶、富纤；经常洗涤的裤子、衣衫可选涤棉、涤富、中长纤维。总之，面料要对得上款式。

2.服装的面料需与整体配套

服装美是一个整体美，评价某一件衣料好坏，还应结合整套服装的配合因素，要看上装与裤子、上装与裙子、内衣与外衣、西装与衬衫、衬衫与领带是否选配得当，上装挺括，裤子不宜轻飘，上轻下重，有一定的稳重感，容易被人们所接受。例如，涤毛西装裙配一件丝绸花绉边衬衫，其绉边效果就能充分体现。

3.服装的面料应与穿着者的体型相适应

较胖体型选料宜深不宜浅，宜薄不宜厚，不要使之产生臃肿、肥胖感；消瘦体型则相反，宜浅不宜深，宜厚不宜薄，让其有丰满、充实感。只有衣料的质料与自身的特点恰当地匹配时，才能给人最理想的美感效果。

4.服装的面料与里辅料选择应该相辅相成

面料与里辅料的色泽、缩水率、软硬性能、耐热程度、坚牢度、耐磨度都要相一致，或者尽量接近。相差悬殊容易损坏里料或面料，得不偿失。

三、服装款式美

服装款式指服装的式样，通常指形状因素，是造型要素中的一种。服装的款式美，也称造型美。一件完美的服装，除了配色和选料外，还要通过款式造型来完成。无论人的体型多么美，如果服装造型不恰当，也会影响体型美；反之，服装的造型变化，又可弥补体型的某些缺陷，起到衬托人体、美化人体的作用。

（一）服装总形

服装总形是指服装最简约的外形、大轮廓。当一个人从远处走来，人们首先看到的是服装色彩，稍近时才会看清这块色彩的大致形状，这块形状就是服装的总形、大轮廓。服装总型的变化有很多，常见的有以下几种。

①A型。这种服装外形总的呈上小下大的趋势。一般肩部较紧贴、不夸张，收腰，裙下摆较大，是一种女性化的造型。给人以活泼、自然、具青春活力的感觉。

②H型。轮廓整体呈长方形，似英文字母H。在自然体型上，通过放宽腰围，强调左右肩幅，从肩端处直线下垂至下摆，给人以线条流畅、简洁、大方、庄重、舒适的感觉。

③V型。这种轮廓有大方、洒脱的气概，具有男性化风格。

④X型。通过略夸张肩部，下摆散开，重点修饰腰部，形成肩宽、细腰、宽下摆为主要特征的造型，这种造型富于变化，充满活泼、浪漫情调，尤其适合女性穿着。

⑤S型。这类服装形如S，多表现柔美造型，也是上下比较宽一些，中间较细。

⑥O型。夸张腰部，收缩下摆，整个轮廓呈现出鸭蛋形。该造型具有圆

润、收缩的象征性，甚至有点滑稽的特点。

（二）服装廓型变化的关键部位

服装廓型变化的几个关键部位：肩、腰、臀以及服装的底摆。

服装廓型的变化也主要是对这几个部位的强调或掩盖，因其强调或掩盖的程度不同，形成了各种不同的廓型。

1.肩部

肩线的位置、肩的宽度与形状的变化会对服装的造型产生影响，如袒肩与耸肩的变化。

2.腰部

腰部是影响服装廓型变化的重要部位，腰线高低位置的变化，形成高腰式、正腰线式、低腰式服装。腰的松紧度是廓型变化的关键，形成束腰型与松腰型。

3.底摆线

摆就是底边线，在上衣和裙装中通常叫下摆，在裤装中通常叫脚口。摆是服装长度变化的关键参数，也是服装外形变化的最敏感的部位，底边线形状变化丰富，是服装流行的标志之一。

（三）常见的服装款式

1.礼服

礼服一般在婚庆、访问、庆典和酒会等特别场合穿着。礼服突出华丽、隆重、优雅和庄重的气氛，因此礼服面料大多选用高级细致的丝绒、丝绸或织锦面料，呈现自然高雅的光泽与高贵质感。礼服的款式又随着流行趋势不断变化。民族服装在涉外活动中也可以作为礼服穿着。礼服的选择应根据穿着的时间、地点、环境等综合因素确定。

2.职业服装

工作时按照职业要求穿着的服装称为职业服装。职业服装主要分为两大类。

（1）工装或制服

如警察、工人、医生、护士等上班穿着的服装都是工装或制服。这类服装的面料、色彩和款式统一，线条流畅，简洁明快，适应性强，能标志职业特色，体现职业形象。

（2）**适合办公室环境的服装**

这类服装主要包括西服套装和女式裙、裤式套装。这类服装风格严谨，色彩素雅，制作精良，显得规范庄重，很能体现职业人士的精明干练，让人产生信任感。

3.休闲服装

这类服装适合于在闲暇时间或非正式场合穿着。面料多以棉、麻、丝等天然织物为主，讲究舒适自然，如运动装、牛仔装、毛衣、T恤衫等。休闲装没有固定的模式，可最大限度地发挥个人的爱好和个性。休闲服装能充分展示服装的无穷魅力，为在不同场合的着装提供了更多的选择。休闲装在穿着时应注意整洁舒适，同时配合自身的体型、年龄和身份，选择适合的款式和颜色，再搭配适宜的饰品，使休闲装穿得合体和美观。

（四）服装款式与人体

1.服装款式与人体脸型

脸型是人的象征，服装应陪衬脸型，在服装选配中，脸型主要与衣领造型有关。

①长脸型。长脸型有朴素、富有激情的感觉。一般应选择水平的领样（如方领、一字领），领口不宜开得太深，使颈部的露出部分少些，可以减少长度感，增加宽度感；不宜穿长方或尖长的领样，最好不要穿西装领。

②三角脸型。三角脸型有灵活、机智之感。宜选择"V"字型领圈，增加上额的宽度感，以减少下颊的宽度感。

③方脸型。方脸型有明快、豪爽的感觉。应选择尖领、小圆领、袒领或长驳角式的西装翻驳领；避免倒开领和一字领，这样能减少生硬感。

④圆脸型。圆脸型有明朗和睦之感。适合"V"字型领（如西装翻驳领等）和稍带方形或略尖形的领子，以减少宽圆感，增加长度感；不适宜选穿大

圆领或前宽后窄的倒大式领，也不宜选穿双排扣之类的款式。

⑤尖脸型。尖脸型应选择能够多遮盖住颈部的领型的为佳，如男式的硬衬衫领和中式的竖领、方领和小圆领；不宜用三角领、西装领。

⑥椭圆脸型。这种脸型也称瓜子脸，有明朗、快乐、端丽的感觉。其适应性较强，无论什么衣领造型都能与之相配，达到满意的效果。

人的脸型往往与体型有关，选配领样还应该考虑到体型特点。例如，胖体型不宜选用圆领形领样；瘦体型不宜选用长尖形领样，等等。在实际选用时需结合其他因素，加以综合考虑。

2.服装款式与人体体型

①高瘦体型。一般高瘦体型是属于理想的体型，应考虑选用高领窄袖、纵向线条、紧身衣服来强调体型特征。年轻人可扩展裙子的下摆，如穿波浪裙，可增添活泼轻盈的风采。但体型过于高瘦的人，应当增加身体与衣服间的空隙，避免柔软松弛的面料、避免制作极薄又没有中腰的衣服或紧身的衣服。

②高壮体型。此类体型的人的服装造型应有尽量减小幅度、增加高度的感觉。选料上应避免过薄或质地过于紧密的面料。

③瘦体型。此类体型的人一般下肢较短，服装造型要能增加高度感，特别注意增加下肢的长度感。其服装不宜小，可略宽松些，以增加丰满魅力之感。为使体型显得高些苗条些，宜穿连衣衫，并可采用一些垂直线条或分割线，运用折褶或壁缝，以增加长度感；若配腰带，位置可略高些，且不宜用宽腰带。服装的长度宜中，特别是上衣不能过长，否则会有身高变矮的感觉。

④矮胖体型。这类体型的人一般只有通过服装款式变化和人的视错来达到造型美的效果。不宜选用横向线条、大花型、过浅或过深的衣料，要避免贴身或肥大的款式以及灯笼袖、高领之类的服装。

3.服装款式与人体的其他部位

（1）服装款式与颈部

人的颈部有长有短，颈比较长的，领脚应开得高一点，如立领等；颈比较短的人，领脚须开得低一些，平坦一些；颈前倾者，根据正中线，领圈要向前延伸，否则后背会翘起来。

（2）服装款式与肩部

肩膀是款式变化和穿着舒适的重要部位，一般肩斜标准为5厘米左右，如果服装肩膀的斜度不符合人体自身的结构，力点就会移到肩尖上去，使人感到不舒服。平肩者不宜穿泡泡袖的上衣，也不宜使用垫肩，适宜穿套裤袖；斜肩者不宜穿套裤袖的上衣，而宜用泡泡袖或垫肩扶正。

（3）服装款式与胸部

胸部高低是形成人体外形立体的重要部位之一，服装款式造型的变化核心是胸省和横省的部位。然而这些省道要根据人的胸高、面料纹样来安排，服装开刀变换款式也在这些部位进行。一般平胸者，宜穿宽松型的服装；而高胸、挺胸者宜穿紧身型服装，以体现曲线美。

（4）服装款式与腰部

腰部是人体外形曲线美的标志。由于人的体型不同，有的腰高、有的腰粗、有的腰细，腰高而细的人就显得有曲线。一般高腰的人，只要注意上下装合理，如连衣裙注意腰节的分割比例即可；而腰节较低的人，应尽量穿腰节分割比例偏上的服装款式，这样能纠正体型的缺陷。

第三节　服装的抽象美

一、抽象与抽象艺术

（一）抽象的概念

抽象是对艺术家理性思维与感性表达最为直接的方式之一，它抛弃了假借和隐喻，忽略了象征和类比，同时又游离了描摹和塑造，它所要遵循的是艺术家心灵的真实和作品内在的需要。

抽象一词的本义是指人在认识思维活动中对事物表象因素的舍弃和对本质因素的抽取。它是我们认识复杂事物的思维工具，即抽出事物本质的共同点而不去考虑个体的细节，不考虑其他因素。抽象应用于美术领域中便有了抽象性艺术、抽象主义、抽象派等概念。

抽象是一个概念，它意味着作品中的视觉图像无法根据现实生活经验加以辨识，这种艺术表达的样式是超乎自然物象之外的；抽象又是一种态度，这种态度背弃了日常生活中的视觉经验。摄影技术的发明，使忠实再现客观世界的努力变得虚妄，艺术家们于是梦想着创造另一个世界，那是一个与物质世界平行存在着的精神空间。

（二）抽象艺术的概念与特点

1.抽象艺术的概念

抽象艺术是西方现代美术中特定的美术思潮和流派概念。从美术思潮方面来说，抽象性艺术的含义较宽泛，可以和具象艺术相对，概指西方现代艺术中各种具有抽象特性的艺术现象。抽象艺术流派作为现代艺术的象征性流派，诞生于 20 世纪初，其开创了一种独特的艺术类别，同传统的形象艺术完全不同。抽象艺术反对模仿现实事物的手法，他们呼吁从对现实的模仿中脱离出来，开创一种视野更加宽阔、在形象和色彩表现方面都极为大胆、具有先锋意识的艺术风格。抽象艺术起源于 1910 年，以康定斯基的《第一张抽象水彩画》为标志（图 4-14）。抽象艺术的诞生源自对现实世界的扭曲和变形，其实之前的印象主义流派和后印象主义流派都已经在这方面做了许多尝试。可以说，抽象艺术是属于东方传统形象艺术（还有非洲艺术等）发展过程中的一部分，并且吸收了原始主义流派的部分风格。抽象艺术流派借鉴了毕加索和马蒂斯的作品，尽管两位艺术家从来也没有在非抽象风格的作品上失败过。

图 4-14　《第一张抽象水彩画》（康定斯基作品）

宽泛地说，现代抽象艺术包含两大类型：第一类是从自然物象出发的抽象，形成与自然物象保持有一定联系的抽象艺术形象；第二类是不以自然物象为基础的抽象，创作纯粹的形式构成。它否定描绘具体物象，也不以自然物象为基础，仅以基本的绘画语言和形式因素创作纯粹的抽象绘画，借以表达某种情绪、意念等精神内容或美感体验。抽象艺术包括抽象画、抽象雕塑、抽象装置、抽象服饰、抽象音乐、抽象诗歌、抽象摄影、抽象建筑、抽象装饰等。

2.抽象艺术的特点

抽象艺术追求独创性，把创新当作唯一。抽象艺术注重形式更甚于注重内容。抽象艺术特别强调绘画语言的单纯性、绘画形式的纯粹性，不带任何经验的构想。抽象艺术不模仿任何已有的创造，刻意在视觉空间创造出独特的绘画语言，以鲜明的个性及艺术符号来完成画家对艺术的生命体验。抽象艺术的世界是缥缈的、游离的、捉摸不定的，它的语言和灵魂中的语言更为接近。抽象艺术是非理性的，无主题、无逻辑、无故事，通过抽象的色彩、线条、色块、构成，审美者自己的创造能力、思维想象能力来表达和叙述人性。

二、服装抽象美的原理

服装属于冷抽象，冷抽象主要是以几何造型为主，几何形纹样较之自然形纹样的自由无拘而言，主要表现为严密、规律、比例、节奏的理性美。花俏艳丽的几何图案被大量应用到时装上，明艳的黄、蓝、红等组合成的不规则几何图案让时装富有立体的时尚感。而热抽象则是不规则线条，表达的是一种感觉，因此，它的风格和感情基调可以是多变的。

蒙德里安说："造型经验说明，艺术家不能以完全写实的手法去再现事物的表象，而必须对其改造，从而产生美感。"❶经过处理后的物象是创作者对物象的感受，在抽象过程中可以将物象美化，或是只表现出某一方面的特性，有种似是而非的美。

---

❶ 孟萍萍：《服饰美学》，武汉：武汉理工大学出版社，2012年，第48页。

三、服装抽象美的基本属性

服饰艺术出现的抽象要素几乎贯穿整个美术史。服饰抽象艺术的意义或主题究竟是什么，它不是从作品本身能够直接判断的，而是内在的、隐秘的，是画面之外或内部深处的东西。服饰的抽象艺术可以没有技法、没有题材、没有相对通用的标准，只有感受。感受好的抽象可以直观地判断和直接地欣赏，我们被形式所感动，就在于形式的表现作用于我们的心理感受，使我们产生愉快、温馨、压抑、悲怆的感受。

服饰的抽象形式也有"共同的本质属性"，也就是包含了的视觉性、符号性和自然性等属性。

（一）视觉性

一幅带有抽象主义特征的服饰作品，首先给观者带来的是视觉上的冲突。在服饰形式构成中，点、线、面是抽象语言中的重要表现方式。点线面的位置与表现决定基本的视觉关系，平行、垂直、对称的组合表达一种和谐的感受，反之则是活动、对抗、张力。在艺术表现形式中，点的运动轨迹可以变为线，线的集中排列可以变为面。点、线、面可以组成服饰的节奏、韵律、对称、均衡等形式美感。因此，在抽象主义作品中，由点、线、面所带来的视觉性是抽象主义的重要表现手法。服饰的抽象艺术家就是利用点、线、面和颜色的各类组合关系来制造画面效果，以期实现视觉与内涵的一致。

（二）符号性

大自然中几乎处处充斥着各种应接不暇的符号，几乎人们手边所有看得见或看不见的物都是以符号组成，又作为符号去重组。而作为服装设计，抽象语言可以被理解为通过各种结构、图案或色彩所组成的元素，组合为另一种诠释自然的符号。在设计中，大到整个造型，小到一个图标、一粒纽扣都可以成为抽象符号来诠释服装。

（三）自然性

谈及艺术，从最初的摹写自然到如今的"再创造"，总离不开与大自然的联系。中国最初的服饰讲求与自然合二为一，西方的服装注重与人体的自然契合。抽象主义服饰作品取材自然，所需要的材料都和自然密不可分，都属于自然界的产物。另外，很多抽象的作品可能揭示的是最为本质、最为自然的东西，或是原始的精神与理念。

四、服装抽象美的体现

服装的抽象美可以从多方面来表现，抽象的主题、抽象的造型、抽象的色彩、抽象的图案、抽象的材质等。

伊夫·圣罗兰 1965 年设计的蒙德里安裙（图 4-15），首次将艺术引入时装。其灵感来源蒙德里安的作品《红黄蓝结构图》（图 4-16）。除了印花之外，服装的造型有时也会运用到抽象元素，如川久保玲曾经设计过许多造型上具有抽象艺术感的春夏女装（图 4-17）。

图 4-15 蒙德里安裙（伊夫·圣罗兰品牌）

图 4-16 《红黄蓝结构图》（蒙德里安作品）

图 4-17 具有抽象感的服装设计（川久保玲作品）

第四节 服装的设计美

一、服装的设计美学

（一）设计美学简述

设计美学的文化内涵十分重要，其范围广泛，包括哲学、美学、市场学、艺术学、心理学、仿生学、民俗学等。

现代服装设计创新理念和艺术灵感的表达，是基于符合时代审美和流行时尚的设计美学理念的。

德国美学家马克斯·德索在 1906 年编写并出版了《美学与一般艺术学》专著，使艺术学从美学中分离出来，形成现在的设计美学。设计美学是创造美的哲学，是在应用的基础和现代的设计理论上，综合艺术与美学研究的传统观念理论而发展起来的一门新兴学科。它是在艺术和技术通过应用的基础上使两者相结合的边缘性学科，它研究的对象、范围和具体的实际应用等都跟传统的艺术学科有一定区别。

设计美学是生活、生产和社会环境美化的审美表现形式，是创造者或设计师运用各种科学技术、艺术方法和工艺技巧的表现过程，并使创造出的形态具有满足人们生产生活的实用性、方便性、美观性的特征，又可以有效地带给使用者心理上和精神上的愉悦感。

设计美学是设计学科的一个理论分支，又是贯穿设计构思、灵感、企划、制作、生产、使用等一系列过程的审美哲学。它是集众多学科于一体的审美表现形式，既表达了人们物质和精神生活的协调需求，又体现出人们的社会生活方式和思想观念，是时代性、科技性、思想性、艺术性以及审美观念的综合折射。

设计美学与传统美学理论的研究有所不同。随着设计艺术在社会各领域的广泛运用，设计美学涉及的研究方向、学科内容和理论教学更加丰富、深入和全面，倾向于实用性和市场性。因此，设计美学与社会发展和人们对生活的审美需求息息相关，在学科的定位、研究的对象和研究的范围上具有自身的特点，不完全地照搬传统的美学理论，而且在现实实际应用中也有自己独特的要求。

（二）服装设计美学的表达

1.服装设计美学的内涵表达

从文化和哲学层面看，主要包含服装设计品的艺术风格、设计思想、流行表现、民族文化、传统思想、美学表现、哲学派别等，是存在于精神世界的感知内容。

2.服装设计美学的视觉表达

服装的视觉表达指服装视觉形态的艺术美，主要表现为视觉上的设计形式美，如造型形态美、色彩匹配美、材质肌理美、细节装饰美、整体和谐美等，是可见的视觉要素。

3.服装设计美学的情感表达

服装设计美学中的情感表达是设计师个性修养、人格魅力、品味格调和综合素质在设计中的体现，可以很好地体现设计的品位和格调。同时，服装设计美学的情感表达也是设计师或消费者的气质、文化内涵、艺术修养等综合素质和审美水平的体现。设计师的综合素质是设计品位的象征，消费者的认知水平也影响服装市场的消费趋向。

服装设计美学作为一门创造服装审美的哲学，是贯穿设计构思、灵感、思维、创作表现的视觉与情感的传达过程之中的，包含设计哲学、设计美学、设计艺术、设计文化、设计灵感、设计心理、设计符号、民族文化和科学技术等方面内容。因此，服装设计美学是服装美学和服装设计、服装文化的重要组成部分，对研究和发展服装设计艺术和理论具有重要意义。

二、服装设计美的性质

（一）服装设计美的新颖性

服装设计美是客观性与社会性的统一，是人类的本质力量物化了的形象，是将精神层面的艺术与物质载体直接结合在一起，使其最终成为设计艺术与物质产品浑然一体的审美表现形式。服装设计艺术美是附着于实用功能之上的美，并由其产品形式之美逐渐扩大到服装趋势潮流之美、营销手段之美以及营销行为之美。这一切决定了服装设计的审美具有一定的时效性，即生命周期、季节性和流行性。在服装设计审美的时效性内，其具有的相对性和不稳定性，决定了服装设计的"新颖性"，并使它成为服装设计审美的突出特点。

所谓服装设计的新颖性，又称创新性或创造性，是指服装设计创作具有与其他方面所不同的内容和特点。心理学认为，人们对那些罕有接触的事与物，都会产生新奇的感觉，从而引起格外的注意，这是人们审美心理上的一种普遍现象。新颖性的服装设计创作可以调控人们生理上的审美疲劳，从而在心理上产生愉悦感，因此在服装设计审美的过程中要体现出新奇的设计构思、新颖的设计款式、新异的工艺表现技法与技术，使独具新奇感的服装构成元素和结构形态间的组织方式融合为服装设计的新颖性，同时新面料的采用、独特的营销手段、自动化的生产方式等也会以新的方式带来新颖性，这些新颖性会使人们产生新奇的感觉。

1.服装造型设计上的新颖性

新颖性是服装款式造型流行最为显著的特征。流行的产生基于消费者寻求变化的心理和追求"新"的表达的渴望。人们希望对传统的服装造型设计进行突破，期待对新的样式的肯定。

这一点在服装造型设计上主要体现在款式、面料、色彩三个要素上。因此，服装造型设计审美要把握人们"善变"的心理，以迎合消费者求新、求美、猎奇的需要。过时、常规的服装款式造型设计是不能给人以美的享受的，只有款式新颖的造型设计风格才能符合信息化时代消费者的审美需求。新颖的、美的服装造型设计是服装设计产品的生命。

服装设计的新颖性带着新生活的气息和憧憬，使消费者的神经系统和精神得到激发，产生活力。服装造型设计的新颖性、时尚性一方面取决于新创意、新材料、新工艺的开发，另一方面有赖于社会的发展和人们审美观念的变化。信息化时代的服装造型设计总体上体现的是鲜明、简洁、精加工的共性，同时又有不同阶段呈现的个性与时尚，如20世纪80年代夸张的宽平肩型、20世纪90年代窄小的自然肩型、当今的翘耸肩型等。但凡销路颇佳的服装产品，其服装设计中定然都蕴涵着多项使顾客想看、想要的动机。各种商品都有其不同的性质和特点，服装造型设计必须把它的鲜明、直观、风格准确地传达给消费者，才能使消费者在其新颖性的感染下，理解商品信息，选购服装产品。

2.服装色彩设计上的新颖性

服装的色彩具有鲜明的时尚性和时代感，准确地把握服装色彩的流行趋势，有助于有效地传达服装设计审美的新颖性。服装色彩的新颖性应是设计师以敏锐的洞察力对适时涌现的色彩趋势进行准确的判断、归纳和提炼，并通过服装设计产品进行推广应用，进而形成具有新意的流行色。

流行色代表时代风尚，满足人们不断变化的喜好。流行色需要按春、夏、秋、冬的不同季节来发布，它发生于极短的时间内。它可能影响该时代的色彩，但不足以改变该时代的色彩特征。相对于流行色，比较长期稳定的色彩是常用色。常用色变化缓慢，一定范围内适用性较强，推用面广、延续性较长。流行色和常用色都不是一成不变的，它们互相依存、互相补充、互相转换。某种常用色可能在某个阶段变为流行色，而某种流行色因流行时间长、普及率高，也可转为常用色。例如，黑白两色在很多国家是常用色，有时也会成为流行色。而当不同的流行色到来时，常用色往往会微妙地改变色彩倾向以配合流行色，展现出一个流行阶段的服饰美感。例如灰色，在流行蓝色时，偏冷的灰色受欢迎，在流行茶色时，偏暖的灰色便更能吸引消费者，这与流行色调息息相关。流行色在一定程度上对市场消费具有积极的指导作用。国际市场上，特别是欧美、日本等消费水平很高的市场，流行色的敏感性更高，作用更大。

（二）服装设计美的感染性

车尔尼雪尼夫斯基曾说："美的事物在人的心中所唤起的感觉，是类似我们在亲爱的人面前时洋溢于我们心中的那种愉悦。"[1] 美是一个感性的世界，它丰富多彩，在情感上具有一定的感染力，不同美的个体决定了美的丰富性与多样性。如服装设计效果图中的人体比例及人物着衣状态，往往不是以生活化的形式表现客观的人体比例和人物的着衣形象，而是设计师从设计艺术的角度，绘画表现出人与服装的一种审美想象和审美感受。

服装设计美的感染性主要受人的理智的驱动和情感的驱动这两方面因素的影响。

①理智的驱动。人们把服装称为人体的"第二层皮肤"，是人对自身外表美的一种认识上的表达。人们在长期的社会生产实践活动中，逐渐意识到服装可以体现人的精神气质、个性特征、情调品位等，能给人们带来一种精神上的愉悦，是人类追求美、喜欢美、欣赏美的展现。由此，服装逐步演变为人生

---

[1] 张利平：《广告美学》，汕头：汕头大学出版社，2019 年，第 20 页。

舞台上的重要道具之一。人们在认识和评价服装时所产生的情感，是与人的好奇心、审美欲望等社会需求紧密联系在一起的。而对服装设计审美的理智感，使人们在认识和品评服装设计美的过程中，审美需要被满足与否会产生不同态度。例如，当人们受时尚美的熏陶后对服装设计所表达的新意就有了一定认识，就会出现好奇心和新鲜感；当某人穿着的服装被人们赞赏时，就会产生喜悦感；当人们确认自己有能力对服装做出正确判断和选择时，就会产生自信。

理智感对人们审美需求体验所起作用的大小，同个人已有的知识水平、文化修养、审美情感有着密切关系，它是促进人们学习科学知识，不断认识和掌握服装设计美发展规律的基础，也是推动社会进步的重要因素。

②情感的驱动。从本质上讲，艺术审美源自人们的情感需求，服装设计也是一种艺术，服装设计的艺术审美自然也是为了满足情感的需要。站在服装设计艺术审美的实践的角度看，服装设计者在设计服装时，必然是源于某种情感的驱动，是带有某种情感的。

服饰文化作为人类创造的服饰物、服饰观念和服饰行为的总和。服饰美从最终的意义上说，是以追求美为目标，它必然以其设计产品的自身价值体现出一个时代的审美趣味、审美理想和审美标准。这一切最终是服装设计师以服装设计审美情感的形态表现出来。这种审美情感显示人们所偏爱喜好的审美欣赏能力，它制约着设计师将创造的美体现在物化的服装设计产品中。同时，观赏者在观赏服装时，穿着者在使用服装时，也是带有某种情感在里面的，这也影响他们对服装的审美和选择。

三、服装设计美的具体表现

（一）服装设计的整体美

服装设计的整体美是指在设计中，不仅是对具体单款进行设计，还要对服装上下搭配、内外搭配及佩饰方面的整体美的因素加以考虑，必须以具体而完整的着装形象美来传情达意。

（二）服装设计的动态美

服装设计的动态美是指着装者身体或身体其他部位在空间运动的过程

中，服装随形体所产生的美感。模特展示时的动态极具艺术的动感美，服装在模特的形体动态中所呈现的曲线和不确定性，使其显示出生动的姿态和无限的韵味。这种动态美在人们的日常着装中也有所体现，但在模特的服装展示中较为突出，因为服装能够与模特的气质、风度融为一体，进而强化服装设计的艺术效果。

（三）服装设计的艺术美

艺术美相对于现实美而言，它是艺术家对现实生活能动反映的产物，即艺术家按照美的规律，在审美理念指引下，根据现实生活运用一定物质材料进行美的创造，它是艺术家审美意识的物态化。只有了解了艺术美，才能体会服装设计中的艺术美。服装设计的艺术美是服装在长期的发展演化中与其他视觉艺术形式相互依存、互相影响所产生的美，如从绘画、建筑、雕塑、音乐、装饰等各种姊妹艺术中借鉴和对不同时期各种艺术风格、流派的借鉴等。在服装上装饰各种饰品或加以各种刺绣、贴花、材料改造以及运用手工染绘、印染等手段，都能使服装设计具有很强的艺术美，能够使服装设计作品在有限的空间里充分表达视觉美感。

创造服装设计艺术美所遵循的规律是一切艺术作品审美创造共同遵守的形式美原理法则，即以形式美构成要素的点、线、面、体，通过对称、均衡、节奏、韵律、比例、对比、重点等形式美法则，按变化统一的形式美原理去创造艺术美。与其他艺术所不同的是，服装设计的艺术美是以服装材料为载体来表达的。综合来看，服装设计的艺术美具有两方面的特点。

1.服装设计艺术美具有审美再创造性

服装设计艺术美的审美与其他审美对象的审美一样，都必须进行审美的再创造。任何具体的审美都既被创造，又被接受。不过，服装设计艺术美审美的再创造性与艺术家对艺术作品的创造不同，纯艺术作品是以特定的艺术鉴赏对象为基础的再创造。

服装设计艺术美审美的再创造性具有两个特点：第一，是自由性和确定性的结合；第二，是共时性和历时性的辩证统一。在服装设计领域，中国的民族、民间艺术受到国际设计师的青睐，这已成为很多服装设计师灵感的来源之一。例如，世界著名设计师约翰·加里亚诺就曾推出中国元素的设计作品，体现了东西方文化融合的多元化内涵（图4-18）。

图4-18　借鉴中国传统青花元素设计的服装（约翰·加里亚诺作品）

2.服装设计艺术美具有审美直觉性

审美对象美与不美的感受和判断，往往产生于瞬间的直觉。艺术美审美，不是先有理智的判断和逻辑的解析，然后才获得的美感。艺术美审美的感觉不同于一般的感官感觉，而是一种融汇和沉淀了各种复杂观念，渗透着理性因素的高级精神感觉。

服装设计艺术美的审美感受是通过审美对象的感性状貌表达出来的，如服装的款式造型、色彩、质感、肌理、线条、配饰等构成关系直接的感知或表象，都可以叫作感性状貌，即美感是凭人对形象的瞬间直觉而体现的。这是因为审美对象都有一定的感性形象以及外部特征，人们只有通过这些外部特征才能体验美的形象。例如，时装表演中，若没有设计师独具匠心的作品，没有模特美妙的展示，没有恰到好处的音响灯光配置，台下的观众就难以产生美感。服装设计艺术美审美首先需要提供的就是可感受的生动、具体的形象。

（四）服装设计的现实美

服装设计的现实美是服装在现实生活中所具有的社会美，社会美具有进步性。人类社会总是发展变化的，服装也总是在社会的前进与发展中逐渐得到提高与完善。因此，社会的进步也就成为服装设计得以发展的重要保障。任何一个社会，一旦停止了进步与发展，就一定会被新的社会所取代。人们的社会实践，一旦失去了它的进步性，也就失去了健康的、善的性质，当然，也就必然会失去它的美学价值，从而遭到人们的反对。同样，服装作为一种社会事物，也会随着社会失去进步性，使它自身失去美学价值和存在价值。如民国时期的中山装、改良的旗袍、长衫、礼帽、皮鞋等取代了清朝的袍服。所以说，社会进步性是社会美的关键性主要特征。

1.服装的社会美具有时代性

社会在不同历史时期的发展水平是不一样的。这种社会的发展变化会对人们的生活造成直接性的影响，反映在服装设计上，就是不同时期服装具有各自的特点，也就是说，服装的社会美是具有明显的时代性的，不同时代的人对同一类服装的审美看法也是不同的。

2.服装的社会美具有民族性

不同的民族具有各自不同的民族历史、文化、传统、生活习俗、道德观念，还具有不同的民族精神、民族性格、审美观与审美情趣。这些不同的民族特点形成了不同民族的服装，在社会美方面必然会产生不同的表现形态、看法与评价。

3.服装的社会美具有阶级性

阶级社会中，阶级是人的重要社会属性。不同阶级、不同阶层具有不同的利益、不同的立场观点、不同的爱憎标准、不同的审美理想与审美情趣。因此，各阶级、阶层，从各自的利益、立场、审美观念出发，对社会美的认识、评价必然是不同的，这无形中就导致服装设计与着装档次类别的分化。

（五）服装设计的主题意境美

服装的流行与传播同一切艺术品一样，是时代的产物，不可避免地会受到社会活动和社会思潮的影响，而某种社会活动、社会思潮又使服装成为时代的装束和标志。所以，每一款服装在设计时都要围绕一定的主题意境表达一定的文化内涵和艺术风格。当服装设计表现主题作为一种形式而置身于总体文化的范围之中时，由于主题意境包含内容极其丰富，文化积淀深厚坚实，会使之具有极强的冲击力和时代审美特征。

服装设计的主题意境，是设计师借助于作品的设计形象，以最恰当的设计语言，揭示作品主题关于自然、社会和生活景象的艺术境界，传达设计师的思想情感，以唤起消费者和观赏者关于审美主体的联想与情感共鸣，使之深入其境，感悟其情。

服装设计的主题意境美是每一件服装都具有的，也是设计师在进行服装设计的实践活动中，应当要慎重考虑的。

（六）服装设计的科技运用美

服装设计的科技运用美主要指的是服装生产过程所涉及的科技设备制作以及缜密制作程序的隐性品质美。服装设计的科技运用美介于自然美和艺术美之间，它贯穿于整个服装设计与制作的过程，并通过工艺、材料、形式和功能三个方面表现出来。尤其对高级时装业来说，高水准的工艺技术是维护其名牌声誉的法宝，科学的精工细做与科技设备特殊工艺的运用，体现了服装的高品质美。

（七）服装设计的装饰美

装饰是美化服装设计产品的重要方法，它能够使服装款式生动并表现出其个性特色，因而装饰美也是服装设计美学的重要组成部分。

装饰表现的内容是十分丰富的。如缉明线、缀扣子、饰襟、滚边、镂空、图案等，都可以起到装饰作用，以增强服装的魅力。

（八）服装设计的配饰美

配饰是服饰的重要组成部分，也是服装设计审美的重要内容，它是包含首饰、局部挂件及其他装饰品的总称。饰品具有悠远的历史，在距今 1.9 万年前我国山顶洞人的遗址上，就发现了用贝壳、动物骨头磨制并钻有小孔的装饰品，显然这是项链、项坠等首饰的原始雏形。民俗学研究也说明，原始人或落后的部落总是把宝石、羽毛、兽角等物品装饰在头、颈、腰等部位，以增加吸引力或表示一种象征意义。可见人类很早就知道了饰物对人的装饰美化作用。

第五章　服装社会文化的相关问题

最初，服装只是远古人类用以御寒保暖，保护肌肤不受损害的东西，但是随着人类文明不断发展，服装与人类的社会文化生活之间的联系变得越发紧密，服装逐渐成了一种文化的表现。而作为深受社会文化影响的服装，人们的穿着方式并不是随意选择的，不仅受当地风土气候、资源等地理环境因素的制约，还受到社会习惯、道德意识、价值观念等行为环境因素的影响。今天，服装设计与穿着行为仍然有着独特的内涵，人们通过服装所蕴含的社会文化能够体会到精神的享受，体会到衣之精神。因此，本章着眼于服装社会文化的相关问题，在阐述了服装与文化之间的关系的基础上，分别对服装中的性别文化、服装中的地域文化、服装中的民族文化进行了研究与分析。

第一节 服装与文化概论

人类进入文明社会以后，服装就成了人类文化中的一部分，既受文化制约，又是文化的一种表现。服装的文化内涵是在自然环境、社会和人这三者的相互作用中孕育和发展出来的。人类漫长的发展历程中，形成了一整套约定俗成的服装穿着行为的规范，其中就包含了习俗、习惯、法律、道德、禁忌等因素。每个人的着装方式和行为都会受到他所成长的社会文化的影响。

一、文化的基本概念

文化是一个很大的概念，所涉范围极为广阔。文化的英文是"Culture"，有栽培之意，引申为对人意志品质的培养，因此18世纪以前，西方对文化的认识就是一种教育方式。到了18世纪以后，文化的概念改变了，人们认为在物质生活以外的所有一切，都是一种文化形式的存在，从而将文化内涵对外在行为的描述转变成了对内在精神意识的关注，作为文化学的创始人，英国人类学家爱德华·泰勒在1871年出版的《原始文化》一书中就写道："文化是一个复杂的总体，它包括知识、信仰、艺术、法律、道德、风俗，以及作为一个社会成员的个人通过学习获得的任何其他能力与习惯。"自泰勒以后，又出现了许多对文化的定义。到了20世纪50年代，克莱德·克拉克霍恩等人在其出版的著作《文化：概念和定义的批判分析》中，就列出了文化有关的一百多个定义。诺亚·韦伯斯特则指出，文化有主客观两方面的内涵，一方面，客观上的文化内涵和地理环境、气候条件、历史发展等有关；另一方面，文化在其归类方式、态度、信念、规范、角色定义、价值观等方面有着主观上的差异。基于众多学者的共同认识，文化的概念可以做如下简要概括：文化是人类在社会历史发展中所创造的精神财富的总和，是在某个地理区域内、某段特定时期，持有同一语言群体中的个体在其知觉、信仰、评价、沟通和行为过程中表现出来的一些共同特征。

二、服装文化的基本特性

（一）共有性与异质性

服装文化具有共有性，表现为群体长期聚居在特定环境和地域中，并在长期的社会生活中，从实践中产生并总结出了一套共同的服装认知、信仰、价值观、心态和行为准则。服装文化的共有性让处于特定文化圈子里的服装呈现出一种类似的标准，而处于这个文化圈层的人类的服装行为也被这种标准所影响。文化的共有性可以使人们互相预知对方的服装行为并能作出相应的反应。服装文化的共有性显著地表现为各民族人民拥有相同的服装形式和着装规范，并通过服装来体现自己民族的自豪感和凝聚力。而随着文化的相互交融和影响，近年来世界服装有同质化的趋势。

服装文化还具有异质性，也就是说文化圈层与文化圈层之间，还存在着较大差异。在同一生活环境下生活的社会成员，其服装模式、习惯和行为会因为本地区的历史、地理、气候等因素的不同而与其他民族有很大差异。这些客观条件构成了服饰文化的异质性，使一个民族或团体的服饰风格和习惯有别于其他民族或团体，这种差异性也成为该民族服饰异于其他民族服饰的标志。异质性是服装文化存在的基础，失去异质性也就失去了文化存在的必要性。

（二）多样性与民族性

尽管人类已经进入了全球化的时代，但是在过去漫长的时间中发展出的多样的世界物质形式决定了适应物质形式的文化多样性。因此，服装文化还具有多样性的属性。而在地理环境、气候条件、经济水平影响下的各民族服装文化展现出丰富多彩的形态，并形成了不同的服装种类与款式。虽然民族文化之间的交往逐渐增多，但是各民族服装文化之间的界限依然存在。民族服装文化各具特色，虽然彼此影响，并不能相互替代，它们是全人类的共同财富。任何一种民族服饰，哪怕是使用人数极少的民族服饰，如果遭到破坏和消亡，都将是整个人类文化的重大损失。

文化是一个民族长期发展中积累的宝贵财富，展现了民族发展的历史，而各民族文化带有本民族的根本特色，相互之间有很大差异。中国地大物博，历史上不断吸纳少数民族加入，拥有悠久的文化历史和民族融合历史，因此其服装的种类繁多，展现了 56 个民族的文化传统。

这些服装是各民族历史发展、生产方式、习俗礼仪等社会实践的结晶，也是各民族性格、心理、精神的外在表露，生动地展现了各民族服饰的独特风貌和别样精神。民族服装是各民族用于展示其优秀文化成果和追求民族自豪感的重要工具，也是寄托各民族人民感情的精神食粮。随着我国国力的增强和人民生活水平的提高，几乎所有少数民族都把自己的民族服装进行了系统化的挖掘和弘扬，汉族人民也更加怀念和追寻梦想中的属于自己的民族服装，在社会上刮起了一股"汉服热"。

（三）继承性与发展性

人类文明的火种从未熄灭，人类社会在生息繁衍中不断进步，也促进着相应的文化传承不绝，代代相传。而要研究人类民族的传承，有关其服装的文化形态也是该民族在一定历史时期的社会形式的反映。服装很好地保存并发展了民族各个时期的代表性文化，折射出各个历史时期民族文化的传承与发展。

文化还有一个基础属性就是继承性，正是因为其继承性，才会一直表现出文化属性。服饰文化一直伴随人类文明，从未中断，而其继承性使服饰文化到达一个新的历史时期时不会完全否定上一个时期的文化内容，而是对其有选择性地进行吸收和保留。这在各文明历史悠久的国家中尤为明显。就中国服饰文化而言，它是中华民族几千年来在特定的自然环境、政治结构、意识形态等因素共同作用下，经历数千年的演绎与扬弃形成的。它是中华民族思维模式、价值观念、伦理规范、风俗习惯、行为方式、审美情趣的外显，成为中华文化的重要组成部分。这种文化特色已经深深地融入我们的思想意识和行为规范之中，成为支配着装思想和行为的强大力量。

服装文化的发展在影响因素的变化下而有所不同。总体来看，人类服饰文化的变化趋势是从简单到复杂、从低级到高级不断进步的。原始时期的人们基础的生存还未得到保障，认知低下，因此服装只是简单的草叶、兽皮，更谈不上什么礼仪、文明。随着人类整体的生活进入正轨，服装变得精细、复杂。

从茹毛饮血到时尚衣着，就是文化发展的体现。而在服饰发展的历史进程中，每一个时代都带有明显的文化特征。例如，石器时代服饰文化的原始性、古代服饰文化的自然性、中世纪服饰文化的宗教性、近现代服饰文化的装饰性等。虽然时代的更迭必然导致服饰文化的变异，但这并不能否定服饰文化的继承性，也不意味着服饰文化发展存在断代。总的来说，服饰文化的发展是以继承为基础的，继承性是相对的，发展性才是绝对的。

三、文化对人类着装心理与行为的影响

生产力水平、意识形态、教育环境等文化背景的不同，或多或少地影响着人类的服装。以下是文化对人类着装心理和行为的三种影响形式。

（一）文化以无意识的方式作用于人

文化对人的影响是巨大的，也是无意识、潜移默化、非强制性的。个体总是出生并成长于一定的群体中，群体有着独特的文化氛围，能够在日常生活中不断熏陶个体的世界观、人生观、价值观，使其形成文化习惯。而在此过程中，个体很难意识到影响自身思想、行为的因素，简单来说就是人类个体的思想与行为在无意识中接受着周围文化的制约，个体在无意识中基本按照文化规范生活，此即文化的无意识作用。

就文化对人无意识的制约而言，人在婴儿时期无法决定自己穿什么样的衣服，只能穿家长为其选择的衣服。稍微长大后，开始受到家庭环境、学校环境、社会环境的影响，在父母的养育、旁人的示范、学校的灌输、制度的规范等文化影响下，着装意识便潜移默化地浸润到他的精神世界，成为其个人内部世界的有机构成和基本模式，并时刻以其行为方式表现出来。文化无意识是特定文化群体的无意识心理，它与民族性有着很大的关系。各民族的着装习惯无不透露出该民族的文化特征和文化无意识，如阿拉伯民族的长衫、印巴民族的纱丽，都体现着不同的文化背景和文化心理。

（二）文化是着装的认知背景

长期生活在特定文化环境中的人，其直觉和判断会受文化的影响，并赋

予认知过程意义和解释。第一，个体对服装风格和特点的认知受到文化环境的影响，在这个环境下人所获取的知识、习惯、三观等都会不同程度地影响个体的认知风格的形成；第二，个体对其他人的服装的认知也深受文化的影响，特别是那些具有很强标签属性的文化，如看到穿黑袍、戴面纱的女性，大部分人会在第一时间判断她来自中东地区；第三，人类接收和加工信息是一个意义化的过程。在这个过程中，个体的经验和主动性会深刻影响着认知的结果和反应，该过程包括认知的选择、组织和解释三个阶段。

（三）文化是服装行为的依据

文化会在无形中牵引人们的行为，不仅是在劳动、法律、风俗、道德等方面，在着装中也一样。个体的人在特定文化环境中应该穿什么、怎么穿皆有准则。准确来说，文化对人的着装行为有着根本上的驱动力。每个地方都有不同的风俗民情，一般人若是到了当地，通常会入乡随俗。

四、影响服装选择的重要文化因素

一些简单的人类行为可能是由本能引起的，不需要学习而自然表现出的；一些较为复杂的行为通过个体的反复尝试和训练可以掌握；还有一些则直接从他人处通过模仿或接受传承而习得。这第三种行为来源可以帮助我们解释人类文化为什么沿袭不衰，使社会延续进步。穿着方式是人类社会文化遗产的一部分，人类今天的穿着方式一部分归功于前人的遗赠，另一部分则是来自当代革新的成果。从上面一节的分析可以看出，作为生命有机体的个人，其服装的选择，一方面来自生理性的需要，另一方面则来自社会性需要。但无论在什么时代，这些需要的实现都会受到各种社会的限制，也就是说个体的服饰行为并不是任意的，而是受到他所处的社会文化的制约。因此，下文将从风俗习惯、道德、法律等方面探讨影响服装选择的文化因素。

（一）服装的法定规则

法律法规的出现使社会中人的行为变得更加规范、正确，法律法规具有强制约束性，而就服装而言，历史上很多国家都出台过有关着装的法律条款或禁令。

在封建社会时期，统治阶层为了显示身份的差异性，更好地维护统治秩序，颁布了许多有关服装的法律。因为服装文化会在无形中形成一种身份的认同感，贵族与平民之间身份属性可以依靠服装进行区分。

即使是在现代社会，在一些特定地点或工作岗位中仍然有对于服装的法律规定。一些庞大的国家组织机构，如军队和警察等，可以依靠服装标识来管理和协调组织关系和组织行为。在这一点上，法律和规定具有更强的约束力。一些大型公司、企业集团也有自己的服饰制度，如银行、航空公司、铁路部门等，并制定员工着装条例以提高集团形象和运作效率。

（二）理念因素

属于某个文化的群体总是在精神文化层面上有着类似的理念，因此各个群体的服装选择也总是受到共同理念的制约，而拥有不同理念的群体或个体，在服饰上就有不同的观点和着装方式。

以我国为例，历史上，长期占据主导地位的是儒家思想，因此在服装的选择上中国人受儒家思想的影响很深。儒家重视礼仪，强调君子要知礼、守礼，而服装作为人仪表的一部分，在日常生活中必须作为"礼"的行为来表现。孔子就曾说过："见人不可以不饰。不饰无貌，无貌不敬，不敬无礼，无礼不立"。在儒家思想中，衣冠代表着社会身份和人格尊严，可以说是"君子"的标志，衣冠不整非君子，故中国古代的服装基本上是以端庄得体为主的。儒家思想对我国社会的影响较大，这种影响不仅存在于封建社会，即使到了今天对中国人的着装选择仍然有着潜移默化的影响。

西方服装的发展也不例外，其服装的演变与其思想理念的转变几无二致。在古希腊、古罗马时期，思想观念自由开放，连宗教的信仰都是多样的，因此人们的服装大多简单而飘逸，体现出自由的思想。到了中世纪，基督教思想占据了绝对的上风，受其影响，欧洲人的服饰变得保守和内敛。而从文艺复兴开始，受艺术和科学的影响，脱离自然美、追求人为造型和装饰，则成为人们的服饰理念。

从中西方服饰理念的差异来看，中国传统的服装宽松肥大、形体含而不露。纵观五千年间的中国服饰，尽管千变万化，但变的部分仅限于局部造型和装饰，总体样式上基本维持了宽大袍服的格局，当然这与中华文化的连续不断有关，也与中国人不放弃恪守祖制的理念有关。与我国的情形相反，西方人的服饰款式和造型变化丰富，立体感强，肌肤裸露的面积较大，突出人体美，追求服饰的新奇与人工雕琢。这种不同主要源于东西方的文化传统的差异，这种差异使两者的服饰观念也不完全相同。

（三）民俗习惯因素

服装文化是一个民族文化的重要代表，鲜明地体现了一个民族不同于其他民族的文化符号，因此也可以说服装就是一种民俗现象，受到人们在长期生活中共同形成的行为模式，即民俗习惯的影响。而一个民族的民俗习惯主要是关于饮食习惯、婚丧嫁娶、节日庆典等，因此不同的民族有不同的服装选择。

服装反映着一个群体的生活习惯和习俗。不同地区的民族所处的生存环境不同、生产方式不同，因此生活习惯与习俗也不同，自然也就形成了符合生活习惯、习俗的不同服装。

（四）道德因素

道德不是法律，但是所有的社会中都存在基本的道德规范，道德不同于风俗习惯，更具有明显的价值判断和公共性质，也就更加具有约束力。道德规范所认可或禁止的行为，通常都与社会风气或他人的利益有直接关系。例如，在公共场合随地吐痰、不穿衣服等行为，都是不道德和受到禁止的。服饰的道德功能，不仅体现在利用服饰遮羞的人类的生理与心理基础上，而且体现在人类各种人伦关系、社会与交际礼仪的基础之上。

人类在原始社会时期，是没有什么羞耻心理的，因此那时候的服装最突出的是御寒、保护肌肤等实用方面。借助服饰遮羞心理的出现，还是在人类进入文明社会，脱离了原始生活状态后才出现的。但遮羞是一种最不稳定的道德保护形式，它根据地点、习惯、社会文化的不同而存在差异，人类对于身体的哪一部分可以裸露，哪一部分必须遮盖，并没有固定的看法。不同的民族对于身体的头、脚、胸、膝或生殖区部位的哪一部分必须包裹，大都由该族的传统来决定。例如，亚马孙河流域的库伊库尔族，一到成年就用线将贝壳串成腰带垂挂于下腹前，这是他们的日常服饰，除了仪式场合外，绝不取下来。平常若不将腰带佩上，就会感到非常羞耻。而在耶路撒冷地区，人们认为妇女的颈部裸露在家人以外的陌生人面前是很羞耻的。

第二节　服装中的性别文化分析

本节主要研究的是文化中性别的因素对服装的影响。社会是一个庞大的组织，拥有完整的分工，过去常说男女各司其职，由于身份地位、社会属性等的不同，社会要求的男性和女性的服装也是不同的。服装就是一种性别的标识，借助服装可以明显看出男女之间社会身份和分工的差异。而随着社会形态的不断变化，男女之间的社会分工悄然发生了改变，也连带着人们的心理和社会意识产生了很大转变，开始更多地去追求自我认同感。这种属于文化层面与思想意识的升华，以及性意识的改变，大大影响了人们的审美趣味，也就影响了人们的着装观念。现代社会中，服装中长期存在的性别界限被模糊了，由早期性别化明显的服装，到中性化服装，再到如今盛行的无性别服装，人们开始选择一种新的服装形式来表现自我。

一、性别与服装

在人们的生理认知观念中，正常情况下性别的认知只有男性和女性两种。而根据戈尔达·勒纳提出的理论，在父权制社会中，有性别和社会性别两个范畴。站在社会的角度来看，一个人基本是根据性别范畴识别自己的性别并将自己归入一个群体中，而介于两者性别之间产生了雌雄同体的概念。

一般情况下，社会要求男女的服装有所差异，因为服装本身就是一种性别的识别符号，这种符号会带来深层次的观念的认同，社会上的人都会借助这一符号进行交流。到了今天，由于社会的进步，人的自我思想得到了极大解放，对个性的追求，以及个人的心理认同感在不断冲击着人们对性别的固有认知。

（一）性别与性别角色

通常来说，人类从生理学的角度划分群体，人们所认知的性别概念就是男女的区别。人类中两种显而易见的生殖器官的差异，使人类从生物上划分群体十分容易。而在伦理学的视角下，不只有生理上的男性与女性的区别，还有社会性别角色范畴的差异。准确来说社会性别角色有"男性化"和"女性化"两种类别，此外还会出现介于两者之间的"中性化"范畴。

（二）服装中的性别概念

身体的意识可以通过服装表达出来，而服装也反过来借助人类身体的穿着进行推广，并为身体赋予身份上的定义。人们习惯在适当的地点穿上合适的服装，一是为了遮蔽身体，保护隐私和驱寒；二是为了进行社会身份的彰显和表达。乔安妮·恩特维斯特尔在其著作《时髦的身体》中指出，性别直接区分了身体与身体之间的差异，在人还是婴儿的时候，完全没有性别上的意识，但是此时已经因社会的要求穿上了具有性别差异的衣物。人类在出生时就会因生理上的不同被亲人穿上符合生理性别定位的服装。一般来说，男婴被要求穿蓝色衣物，女婴就穿粉色的；而随着年岁的增长，男孩子被要求穿上裤子，女孩子则被要求穿上裙子。这些习以为常的穿着行为，一方面可以让他人在第一时间区分男女的不同，更重要的作用是潜移默化地引导男孩和女孩向着生理性别的方向发展，并以衣服来表现自身。

无论是古代还是现代，无论是东方还是西方，社会上对男性和女性这两个社会角色的穿着打扮都有一套规定以区分二者性别上的差异。不管是日常生活还是特殊场合，有规定的服装能够区分男性与女性，如社会要求男性穿着硬挺的、阳刚的服装，要求女性穿着纤细、柔和的服装。

男性必须穿男装，女性必须穿女装的传统使男女形象固定在了人们的性别认知中，并在服装的选择中占据了主导地位。但是，大众对于男女性别的认知有时会落后于社会发展的实际情况，因此当下服装设计中往往会出现一些打破传统意义上的服装认知的设计出现。20世纪60年代，随着女性身份地位的提高，传统的服装性别认知被打破，中性化的服装出现了。而在中性化的服装出现以后，服装穿着中传统的性别划分界线也改变了。总的来说，中性服装就是在外观上难以辨别性别，男女都可以穿着的服装类型，中性化的服装的出现使服装的设计走向了更加多元化的发展道路。

服装本身借身体以推广，展现给他人的首先是外在或外表，性别占的作用是非常重要的，但是服装本身不一定有明确的性别分类和标识。随着社会条件的提高，人类从追求物质的层面到了追求心理的层面。时尚越来越成为大众消费者认同，设计师不再看重性别的因素，这种审美意识不再局限小部分人群，也许不只是一场审美革命。无性别趋势的服装越来越迎合了新时代年轻人的喜好，越来越多的人通过服装来展现和忠于自我，同时为男女两性在社会活动中提供了一种新面貌。

二、服装中性别文化的发展概况

（一）孔雀革命前后服装性别时尚的变化

17 世纪后半期，欧洲的文化艺术发展进入巴洛克时期，"巴洛克"一词的词源尚不确定，很有可能是来自葡萄牙语"Aliofre barroco"，即"不规则的珍珠"，巴洛克是一种极富感染力与戏剧性的风格，关注写实及令人惊叹的宏伟效果。巴洛克风格最早开始兴起于意大利，后来风靡欧洲，当时的欧洲建筑和艺术设计都呈现出巴洛克风格，这在很大程度上影响着服装的发展。当时，法国是欧洲的文化艺术中心，在那里流行起了以层叠、华丽的蕾丝绸带和各种美丽的羽毛装饰男装的风气，这也是男装中性化设计的开端。尤其是男装的袖子，镶上了复杂的蕾丝和绸带作为装饰，显得光彩夺目，成了贵族男性彰显身份的工具。在当时，法国国王路易十四的服装精美程度甚至大大超过了贵族女性的服装。而且，当时很多男性还会戴上色泽艳丽的高顶假发，穿上有高跟的鞋子，在鞋子上也有很多花朵和绸带组成的装饰。

到了 17 世纪末 18 世纪初，法国国王路易十六延续着穷奢极侈的专制统治，但没有治国的才能，在君主制和天主教的双重剥削下，底层人民生活在水深火热当中。哪里有压迫哪里就有反抗，自文艺复兴时出现的人文思想发展至此，掀起了一场反封建、反传统教会的资产阶级启蒙运动，这也是后来法国大革命产生的基础。

在启蒙运动中，一大批哲学家、思想家高举"人人生而平等"的旗帜，开展了轰轰烈烈的思想解放运动。这一时期的思想观念也极大地影响了服装的发展。思想家、教育家卢梭在著作《爱弥儿》中倡导自由主义思想，并对17世纪以来欧洲社会上奢侈华丽的服装风格进行了批判，倡导简洁朴实的穿着，以此表达人们真挚的情感，复归自然。而在法国大革命爆发以后，新兴的资产阶级取代了旧贵族的地位，新兴资产阶级的务实心理使他们抛弃了原本华丽繁复的服装，转而穿上了更加简单的服装。但是之前男装上的突破已经为中性化服装的出现埋下了种子。到了法国大革命后期，社会的控制权逐渐落入了资产阶级和新兴贵族手中，资本主义处于快速上升的发展期，随着工业技术出现，现代工业兴起，社会经济水平大幅度提升，教育也更加普及了。在这个时期，男性化的特征得到了再次定义，这反映到服装设计中就是男性服装的样式和色彩变得更加简洁、干练。

而随着生产力水平的提高，男女的社会身份和社会分工逐渐不再受制于生理的限制，女性的社会地位显著提高，不再只能被关在家里，逐渐参与到社会工作中去了。这一变化自然也就对女性的服装提出了新的要求，原本观赏性强的华丽裙装被便捷的日常工作服装取代，也可以说是在向男性所惯常穿着的服装风格靠拢，中性化的女装由此出现了。

总的来说，20世纪60年代以后，服装中的性别符号不再明显，一些具有创新精神的服装设计师提出男性可以像自然界中的许多雄性动物一样，如华丽的雄性孔雀，在服装中加入丰富艳丽的色彩。著名设计师哈代·艾米斯提出"孔雀革命"这个观念，即是指男性装束的华丽倾向，这模糊了男装与女装之间的界线，强烈冲击了传统的男装设计。

（二）男性服装转变与"女人气"的潮流

"女人气"一词的提出不是用来指女性的，而是泛指那些缺少阳刚气概，有传统女性特质的男性。20世纪六七十年代，在流行歌星那华丽的、模糊性别界限的穿着的影响下，许多男性消费者也穿上了裙子、戴上了假发，有时还会涂指甲油。这种"女人气"的时尚潮流的出现再次打破了社会上传统的性别认知。而到了20世纪七八十年代，这种时尚潮流非但没有消退反而愈演愈烈，甚至出现了新的名词"易装癖"（Transvestism），翻译过来就是男扮女装或者女扮男装的意思。易装癖虽然在早期只是出现在时尚流行文化中，是明星们的易装行为，但是也在潜移默化中影响了社会大众的穿着认知，鼓励他们忠于自我，勇于追求个性。

（三）女性主义与服装的转变

1.女性主义的概念

近代的女性主义诞生于中世纪的欧洲，1405 年，女学者克里斯蒂娜·德·皮桑发表了著名的女性向文学著作《妇女城》，文中大胆地提出了性别不应该成为区分一个人伟大或渺小、高贵或低劣的标准，女性应该得到和男性一样的教育机会与工作机会，因为二者在智慧和美德上一样的。随后，到了 17 世纪，第一次工业革命在英国发生，其进入了资本主义的初级阶段，制造领域的工业化快速扩张在根本上改变了传统的性别劳动分工，女性有了参与社会工作的机会。在这个社会背景的影响下，1673 年，哲学家普兰·德·拉巴尔发表了著作《论两性平等》，书中指出，女性之所以在社会中处于从属地位，就是社会生产力不足造成的。而 18 世纪在法国出现并逐渐扩散到整个欧洲世界的启蒙运动所宣扬的自由、民主、平等思想也为女性主义的生长提供了沃土。例如，启蒙运动的代表人物孟德斯鸠在著作《论法的精神》中列举了许多实际例子证明女性在执政方面有时做得比男性更好。1789 年，法国大革命爆发，《人权宣言》诞生，将女性意识上升为人权意识的觉醒。不久之后，1791 年，奥兰普·德古热起草了世界上第一部要求女性平等权利的宣言《女权与女公民权宣言》，宣言中提出要废除男性一切践踏女性的特权。1792 年，被誉为女权主义哲学奠基人的英国学者玛丽·沃斯通克拉夫特发表了女性主义经典著作《女权辩护：关于政治和道德问题的批评》，文中肯定了女性的能力，认为女性不是天生就低于男性的，只是缺少受教育的权力和机会。该书还首次提出了女性应当具有和男性一样的选举权，这对当时和后来的女权运动产生了深刻的影响。

2.女性主义下服装风格的发展

19 世纪初期，欧洲各国纷纷开始了资产阶级革命，生产关系的变革使大众对性别的看法发生了改变。女性的社会地位得到了提高，其生活与工作的重心逐渐由原本的家庭劳动转移到社会生产中，并逐渐争取到了受教育权和选举权。而此时，社会物质生活水平也得到了提升，在基本的生存被满足后，人们开始追求更高的生活品质，娱乐与运动的时间增多了，越来越多的女性参与到了乒乓球、羽毛球、网球等休闲运动中，以往那种精致的服装不适合运动，因此一种更加休闲舒适的服装也应运而生了。

女性意识的觉醒以及女性地位的提高，使更多的女性认识到了保障自身权利的重要性，不被约束的思想观念越发强烈。到了 19 世纪 70 年代，在欧洲"服饰改革团体"的影响下，更加富有自由精神的"美感式"裤装出现了，这也直接影响到了中性服装的发展。经历了两次世界大战后，女性主义运动的热情高涨，20 世纪 30 年代，女性终于在法律层面获得了选举权，两性平等的形式逐渐形成。在此基础上，女性主义者号召消除两性之间的差异，自然，在服装上，以往那种取悦男性的装扮遭到了抨击，而曾经专属于男性的西装、制服、骑马装也被女性所使用。

到了 20 世纪 90 年代，社会的生产方式发生了很大转变，女性能够参与的生产岗位也越来越多，不同行业中男女的差距大幅度缩小，社会性别层面上，女性的身份发生了转变。正因如此，女性为了增强自身在社会竞争中的优势，提倡要在性格上更加独立和强悍，因此这一时期的女装中加入了大量原本男装中的元素，凭借中性化的服装展现女性的硬朗和干练，打破对女性"柔弱""胆怯""依附男性"的刻板印象。总之，随着社会民主越来越自由、思想文化越来越开放，中性化的服装在服饰时尚领域受到了越来越多的重视和追捧。

目前，社会职场上乃至政界中大批女性已经取得了优秀的成绩。随着社会分工的转变，女性现在更需要也更喜欢的是造型简单的职业女装。因为现在已经不再是女性依靠华丽的、不便于行动的服装来取悦男性的时代了，女性更多的是为自己的生活和工作考虑，意图通过性别符号不那么明显的服装来打造新形象，在与男性的职业竞争中取得优势，因此介于男性化和女性化之间的中性着装风格大受女性的欢迎。

（四）中性化服装的产生与发展

19 世纪末至 20 世纪初，现代化的服装走上了舞台。保罗·布瓦列特被看作是世界上第一个服装设计师，他的设计理念是强调女性能自由地表达自己的身体，并设计出了新型的胸衣形式，打破了以往 S 型和 A 型的紧身胸衣形式。在第一次世界大战期间，大量青壮年参战，加之社会经济遭到了大幅度破坏，大批妇女开始走上街头参与社会工作，这直接提高了妇女的社会地位，并导致了传统女性服装的改变。1920 年起，经济下滑、物质短缺，人们开始追求更加简洁的女装，女装再次向男性化的方向发展。一直到 20 世纪 60 年代，社会上出现了一个新词"Unisex"，意思是减少性别差异，因此这一时期，随着着装意识思维的转变，设计师凭借突破性别因素这一理念打破了以往的传统着装概念。

1. 中性化服装的发展历程

中性化的服装设计很早就已经出现了。除了上文提到的紧身胸衣的形式被取代，符合女性身体自然曲线的女装出现。还有很多著名设计师在尝试突破传统。19 世纪 30 年代，美国女性权利倡导者阿米莉·詹金斯·布鲁姆就将东方阿拉伯风格的宽松的灯笼裤引入了女装中，这种休闲宽松的设计十分方便女性骑自行车和进行休闲体育活动，带有明显的男性裤装元素，也成了女性化服装中性化的开端。

香奈儿是一个专注女装设计的品牌，但是其服装设计很多却是从男装中获得的灵感。香奈儿早期的服装设计师加布里埃尔·香奈儿就致力于妇女的解放和女性服装改革。在加布里尔的时代，女性的着装大多是以取悦男性为主的，紧身的胸衣、不便出行的裙装，将女性禁锢在家庭中被当成花瓶一样欣赏。加布里埃尔意识到女性必须在服装上做出改变，要想真正获得与男性同等的权利和社会地位，女性首先应该使自己强大起来，走出家庭，拥有独立的人格。因此，加布里尔开始设计各种适合女性参与社会活动的服装，她认为服装可以一定程度上体现出女性的自信与乐观。加布里埃尔一生中设计出了很多带有男性服装元素的女装，其简约、优雅的设计受到了当时女性群体的追捧。

20 世纪上半叶，加布里埃尔·香奈儿着手女装的改革，其最大贡献就是打破了长期以来男性凝视下的传统女装设计理念，女性的服装应该更多地体现独立自强的态度，不再做男性的配角。比如，加布里埃尔在1910年使用了男性服装的面料和版型为女性设计出了一款运动裤装，这改变了以往女性穿裙装参与运动的情况。后续，她还推出了带有男性色彩的海军裤和海魂衫。

而女装的中性化发展不仅体现在版型、面料的变化上，服装设计的色彩也发生了很大变化。以往那种明艳的亮色逐渐被抛弃，取而代之的是男装中低调简单的黑、白、灰色等中性色彩。此外，在服装的廓型上，简约、便捷的理念同样有很大影响，以简单干练的线条体现女性精明能干、独立自强的特征，同时也不失女性优美的气质。例如，1926年，加布里埃尔借鉴了男装的特征，用一块绉纱质地的黑色面料设计了一款运动型女装，这款女装在廓型上呈现简单的直筒形式。

20世纪60年代起，更多的品牌设计师们将男装的元素运用到女装设计中。例如，法国设计师伊夫·圣罗兰从男装的无尾礼服中得到灵感，设计出了大受好评的女性裤装礼服，同时推出了"中性化"时装的概念。再如，设计师玛丽·昆特为了打破人们对女性传统的拘谨胆怯的刻板认知，塑造了活泼有力的女性形象，设计出的迷你裙颇受年轻时尚女性的喜爱，推出后就在社会中引发了一轮"女男孩"的时尚潮流。此后，许多服装的设计款式在基本廓型上呈现出腰线向下、腰身降低的直筒型特征，同时避免胸部丰满、以平胸为美，整个形象就像是一个小男孩。到了20世纪80年代以后，服装在性别上的区分已经不大了，跨越男女两性的无性别主义兴起，在服装设计中卷起了更激烈的变革。

2.无性别主义服装设计

著名设计师皮尔·卡丹在设计中提出服装设计不应该有男女性别上的差异。1958年，他设计出一个没有显著划分男女性别特征的服装系列，这是世界上第一次出现无性别化的服装。

无性别与中性化并不是完全等同的，二者互有重合，因为中性化一词指的是介乎男女之间的一种风格，强调做减法，减少服装中明显的男女性别特征。而无性别则更多地具有雌雄同体的概念。

进入新时期，大服装品牌们纷纷进行了无性别化的改革。例如，在2001

年，迪奥品牌的新设计师海迪·史利曼，将男装变得像女装一样纤瘦充满骨感和阴柔美。设计师海迪·史利曼主导的男性形象是以瘦为美和略带有摇滚朋克的感觉，开启了男装市场的新时尚。范思哲在男装中使用女装常使用的面料和款式，如印花和缎面紧身款式。国际时装设计师们也开始模糊性别趋向，如让·保罗·戈蒂埃和山本耀司将蕾丝花边、印花、绸带等女装元素运用到男装中，打破了原本沉闷的男装形象。模糊性别意识体现了设计师对性取向模糊人群的关注，服装的发展趋势也朝着雌雄同体的新形象不断地发展。

　　在现代的服装设计中，性别文化的束缚已经大大消退了，性别和性别角色更多的时候是作为社会文化的现象，对于服装本身来说具有丰富的含义。虽然普通人还是习惯选择与社会性别角色相符合的服装，但是在时尚潮流中男装和女装之间的堡垒在慢慢打破，服装朝着无性别趋势的方向发展。设计中不再过分强调性别的差异，取而代之的是男性女性元素在服装设计中的自由转换与融合。

第三节　服装中的地域文化分析

　　地球的陆地面积广袤，构成了壮观多姿的异域风貌，地理空间上的多种变化使生活在不同地域上的人类群体发展出了差异甚大的地域文化。一定的地域环境中的文化一定是与其相融合的，有着深深的地域的烙印，也即独一无二的地域文化。在社会生活中，人类的服装与人类文化息息相关，受到地域文化影响产生的各具特色的服装文化能够视作地域性文化的显著特征，表达了处于这个地域文化下的人们的共同情感和审美情趣。

一、地域文化的概念

　　地域是一个物质空间层面的概念，但是放在文化层面来看，地域文化的地域性特征就不只有着空间的含义了，还有着在穿越时间的历史中形成的空间形态含义。它在地理上属于世界某一区域的文化，是在其漫长的社会历史进程中，通过不断的文化积累而形成的。❶ 简单来说，地域文化其实是一个地域空间经历了历史发展形成的结果。不同地区自然有着截然不同的地域文化，但总的来说地域文化有如下几点特征。

第一，地域文化具有独特性。这是其最明显的特征，本质上来说任何文化都是该地域的知识体系，但不同类型的文化其涵盖的范围也是不同的。

第二，地域文化具有传统性。地域文化源自一个地域中人类群体在长期历史发展中积累的文化的总和。而文化的变迁是漫长的，不会像寻常事物的变化那样迅速，新的文化的产生不会变更一切旧的事物，而是在此基础上不断受到传统的影响和制约。地域文化的发展其实是对传统的继承与重构。

第三，地域文化具有多元性。地域文化的多元性主要表现在以下三点：其一，地域文化之间的不同决定了文化的多元性。而这不同也正是由物质世界的客观规律决定的。其二，地域文化之间的沟通交流构成的多元化。各个地域之间不是封闭的，时常有人员的来往，在此过程中各个地域的文化也就进行了双向的渗透，使原生的地域文化与外来地域文化相融合。其三，地域文化包含了生活的各个方面，表现出多元化。地域文化中包含了人类社会的生产、生活、风俗、语言、思想、文学、价值观等各个方面的内容，因此有着丰富的表现形式。

第四，地域在范围上具有明确性，但在地域文化界限上又很模糊。这种文化界限的模糊一是来自历史上人类对地域的认知是模糊的，二是由于文化本身具有流动性，在不同的地域文化之间发生的接触、碰撞和融合使各文化的边界形成了一个不同地域文化混合的地带。

二、几个典型地域文化中的服装

服装是一种凝结了人类创造力的艺术，集中体现了人类的审美情趣。在地域文化中，服装是一种反映该区域人类社会生活的事物。而在地域文化影响

❶ 张明：《全球化进程与地域文化研究》，收入《文艺争鸣》，长春：《文艺争鸣》杂志社，2008 年第 5 期。

下发展出的服装文化呈现出丰富多彩的特点，是地域风情的缩影。世界上的地域众多，产生的特色服装数不胜数，因此下文将罗列三种具有代表性的地域文化影响下产生的服装作为例证，证明服装与地域文化的紧密联系。

（一）受地域文化影响的波希米亚风服装

波希米亚服装始终给人以异域风情的印象，传达出一种奔放、自由、洒脱的个性。波希米亚风服装源自吉卜赛人的文化，反映出他们的流浪气质和浪漫情节，具有独特的魅力。

1.波希米亚风服装的地域文化性

波希米亚地区最早位于现在的捷克共和国，吉卜赛人是波希米亚最早的代言人。19世纪中期，奥匈帝国入侵了波希米亚地区，遭受战乱侵扰的原住民们被迫离开了故土，四处流浪，当时很大一批吉卜赛人逃往了法国。这些流浪的吉卜赛人生性放荡不羁，不受世俗礼法约束，因此遭到了法国人的排斥，一些法国人用"波希米亚人"来称呼一直没有被接纳的吉卜赛人，以划清界限。

但是现在常说的波希米亚文化则是经过长期的多民族文化融合后形成的综合体，因为在历史上，自波希米亚地区有了部落开始，就不断受到外来侵略者的占领，如日耳曼人、捷克人、盎撒人，波希米亚地区在历史上换了数个占领者，而在不断的变更中，波希米亚地区也接触到了这些侵略者带来的不同地域文化，并不断吸收到自己的地域文化中去。最终吉卜赛人漂泊来到这里，与当地文化融合，形成统一的文化特征。因此，现在所说的波希米亚人不是单指某一个种族，而是多民族在长期交流中诞生的综合体。波希米亚人的文化如此复杂曲折，经过长期磨合产生的服装文化也有着鲜明的特点。波希米亚服饰风格既是民族风格的一种，又是来自不同民族的综合体，更重要的是它具有特殊的地域性的综合风格特征。

2.波希米亚服装的特点

波希米亚服装的民族特点放在众多民族服装中来看也是极为特殊的，因为波希米亚人长期的流浪使他们接触并吸收了不同民族的文化，其服装也就在此过程中如同他们的文化一样，兼容并包，能够看出许多其他民族的内容，但又很好地与原本的地域文化融为一体。提起波希米亚风的服装，大家的第一反应都是波浪般的大裙摆、大片的刺绣、镂空、流苏等元素。波希米亚服装的装饰众多，色彩也很艳丽，是一种有着很强视觉冲击力的服装。波希米亚服饰风格呈现出多元化的服饰特性，注重细节和色彩图案的运用，在彰显民族特色的同时反映地域文化的独特性。波希米亚服饰的风格特点受民族特点和地域性特征所影响，其特点是装饰的精致雕琢和面料飘逸的质地。多褶长裙是波希米亚服饰中最主要的代表之一，长长的裙摆赋予服装以生命力，波希米亚人热情，他们善于舞蹈，及地的裙摆在舞蹈中翩翩扬起，洒脱而浪漫的气质成为长裙特有的风格特征。而波希米亚服装上随处可见的精致装饰也十分吸睛，体现了服装风格中更为细腻的一面。在波希米亚风格的服装中，流苏、绣片、蜡染印花、绳结等都是极为常见的装饰手法。其中，皮革质地的流苏显示出一种流浪气质，而大片的刺绣附着在颜色鲜艳的布料上，具有浓浓的浪漫格调。

波希米亚服饰风格一直被当作世界时装潮流中的多元文化坐标。很少有一种服装能够像波希米亚服装这样注重性格特征与细节的渲染，衣物布料染上的艳丽夺目的红、黄、蓝等色彩浪漫不羁，而流苏、珠串、刺绣等繁复精致的细节又显示出一种矛盾的美感，具有超凡脱俗的效果。

3. 波希米亚服装风格的现代流行

进入现代社会，波希米亚风服装风格随处可见，不过减少了几分流浪的颓废气质，在设计上更多的是保留其简练大气的造型、鲜艳明亮的色彩、精致的刺绣等本质的特征。现代的波希米亚风服装以波希米亚长裙最为知名，其飘逸的裙摆、复古的碎花图案、疏落有致的褶皱、舒适的面料使波希米亚长裙颇受时尚人群的喜爱。波希米亚服饰风格最突出的表现在其韵味上，强调整体的协调性；彰显内在的艺术精髓，展现个性；把握波希米亚服饰风格的流行趋势，运作市场消费。波希米亚服装在款式上主要保留了宽松随意、简单大方的风格。飘逸长裙的保留，款式在长短上有变化，及膝或者长至脚踝。上装领子的设计，从简单的圆领演变为 U 型领、一字领，更多地采用大 V 领设计（图 5-1）。

图 5-1　寇依 2022 春夏系列波希米亚风长裙

（二）受地域文化影响的中式服装

1. 中式服装的地域文化性

中国领土广袤，地形复杂，因此诞生了众多的地域文化。但总的来说，这里所指的中式服装是几千年历史中在中原地区生活的汉民族的服装。中国是以农耕文化为主的一个国家，早期的农耕生产方式使人们过早地在一个区域内定居生活，人与人的交流也局限在一个区域内，农耕文化下的人民依靠耕作自给自足，不需要过多的对外交流，便形成较为内向的性格。汉族人民的性格与游牧民族的豪放不羁、热情四溢形成了鲜明对比。中原地区传承至今的文化塑造了汉族人民的性格，而汉族人民的性格中具有的中庸、含蓄、儒雅、智慧、坚韧、保守、稳重、内敛等特质对服装产生了极大影响。

2. 中式服装的特征

中式传统服装与传统文化如出一辙，追求韵味的美，这种美不是直接表现出来的，而需要细细品味，讲究"意"的传达。整体上看，中式服装有着稳重、保守、含蓄、对称的特点，在色彩上追求纯净自然、在造型上追求统一与简约、在线条上追求流畅飘逸、在穿着上追求宽松舒适，充分显示了中国古代哲学观点中对人与周围环境和谐相处的美好愿望。中式服装的对称、宽袖和衣摆在展现庄重的同时不乏单调。中式服装中的盘扣是典型的中式元素，盘扣的样式，纯手工的工艺，在外形上塑造了中式服装的柔和、含蓄、典雅的内在气质。

中式服装至今还保留着典型的中式元素，如小立领、对襟、连袖、盘扣等。这些元素的继承也证明现代中国人民对含蓄、儒雅、内敛传统精神文化的继承。现在比较有代表性的中式服装自然是旗袍，这种由清朝旗装演化而来的服装，吸纳了汉文化的特质，更具现代服装设计的美感，在展示东方女性含蓄美的同时也显示出了人体的曲线之美。

3. 中式风格服装的现代流行

近几年，中式服装正在悄然崛起，提倡中式风格的一些服装品牌经过十多年的发展与努力，开始逐渐活跃于中国时装舞台上。在广州，有一部分以传统风格为主的服装品牌引领着时尚的潮流，如"犁人坊""古色"等品牌。但中式服装目前更多的是在国内的一些特定场合流行，在国际化服装时尚的舞台中的影响力稍显不足。

不过，近几年中式服装作为礼服出现，在时尚舞台中引起了较大关注。中式服装的元素经常出现在我国的重大公共场合中，如2008年的北京夏季奥运会上，礼仪小姐所穿的礼服融入了旗袍和青花瓷的元素，很好地向国际社会展示了东方人内敛、古朴的气韵之美（图5-2）。此外，很多中国年轻人还选择在结婚等人生重大场合穿上带有传统元素的服装，这些都是对传统文化很好的传承与推广。

图5-2　2008年北京奥运会上的中式颁奖服（郭培作品）

（三）受地域文化影响的英伦风服装

1.英伦风服装的地域文化性

英国的礼仪文化较为出众，其绅士礼仪与贵族传统向来为人所称道。在这样的区域文化熏陶下，英国人对着装的要求也十分精细。在英国最常见的便是黑色毛呢大衣及苏格兰格毛呢外套，这个现象与英国的地理环境和气候条件有关。英国纬度较高，且地处海岛，是典型的温带海洋性气候，因此英国四季的温差变化不大，气候比较湿润。而且英国历来重视发展纺织业，第一次工业革命也正是从英国的纺织业开始的。因此英国的毛纺织技术发达，人们因气候和物质条件也乐于选择呢料外套作为主要服装。同时，英国有较为悠久的贵族统治历史，英国贵族文化向来追求稳重的领导者风范，因此在英伦贵族文化的熏染下，英伦风的服装也给人以一股"贵族范"的感觉，在廓型、样式、颜色上显得稳重大方。

2.英伦服饰特点

随着时代的发展，英伦风的服装样式也有了很大的改变，但是其复古、沉稳、学院派、贵族风的特点得到了较为完整的保留。传统英伦服饰主要以呢料外套、苏格兰格子纹和卡其色风衣为经典元素。任凭人们的喜好的千变万化，也可以轻松应对。无论是办公室里的气质白领，还是清纯、活泼的少女都可以在英伦服饰中找寻到适合自己的风格。

传统的英伦风服装在历代发展中，一直坚持使用呢料或是斜纹棉布这种厚重的面料以凸显英国人的气质，如 19 世纪出现夹克式男装、20 世纪 20 年代出现的学院风针织服。传统的英伦服装基本是套装，一般就是西服外套内搭修身马甲。英伦风服装中的经典款式还有风衣，多为双排扣、翻领、复肩。传统英伦风服装的色彩也偏向稳重，多使用黑色、藏蓝色、驼色、墨绿色等，很少出现红、黄、蓝、绿等这些鲜艳的单色。传统英伦服饰的图案及色彩的运用都比较深沉隐秘，但是贵族气质依然保存。除此以外，最具特色的英伦服饰样式即为苏格兰格。苏格兰格图案是日积月累形成的，传统的苏格兰格图案是以家族分门别类，其最具有代表性的样式是红色、绿色、蓝色等穿插纺织而形成。

3.英伦风服装的现代流行

虽然当今的服装领域新出现了许多服装风格，但是英伦风服装以其经典性牢牢占据了时尚舞台的一席之地，受欢迎程度有增无减。传统英国文化底蕴奠定了英伦服饰风格的重要基础，形成了具有代表性的文化形态，如贵族文化、皇室文化、学院风等，这是英伦服饰风格形成的文化基础，同时还将传统文化以特有的元素形式融入服装设计中。在继承英伦风格经典元素的同时，根据时尚潮流衍生出具有时尚风格的英伦服饰。尤其在色彩方面，英伦风服装较之传统更加自由跳脱。

英伦服饰的流行遍布时尚界，英伦风通过不同的经典元素演绎着男装和女装。作为英国本土品牌的博柏利，理所当然地继承了英伦风。随着服装潮流的变化，博柏利不仅保留了最基本的英伦风格，还紧跟每一季度的流行趋势进行创新，极大地丰富了品牌色调。与此同时，博柏利品牌实现了传统英伦色调与当代国际流行色调的完美结合，保持原有风格的精髓，为品牌注入新鲜时尚元素，符合新时代人们的消费需求。

第四节　服装中的民族传统文化分析

服装所具有的文化内涵是社会文化的重要组成部分，民族服装是民族传统文化的重要载体，而在不同的民族地区，受生活环境、观念和习俗支配与制约下的服装呈现出丰富的样式和种类。

一、服装与民族传统文化的关系

（一）民族服装的社会性质

在一个社会中，处于其中的人及其服装的形象都带着明显的社会色彩，社会的人与服饰构成的整体形象带着鲜明的社会属性，因此不论哪个民族的服饰，从它在社会中存在的本质来看都具有明显的社会性，并折射出社会各方面信息，如经济、文化、科技以及风俗习惯、宗教信仰等。这些信息可以作为人们了解及体会不同民族社会文化的一个途径。

根据调查显示，各个民族的特色服装在本民族的社会生活与文化发展的历程中基本都发挥着重要的作用。第一，民族服装在长期的历史发展中保持着基本面貌不变，为民族原生态文化的保存作出了贡献；第二，民族服装的各种图案、配饰很多都是从民族文化中化用来的，研究民族服装也就是在研究民族的历史事件、风俗习惯、宗教信仰、神话传说等。民族服装是学者了解、考察不同时期民族文化的重要依据，还有利于现代服饰设计对民族服饰语言进行运用与借鉴。

1. 民族服装与宗教文化

宗教对民族服装文化内涵的影响是深远的。追溯到远古时期，人类的生存条件极为恶劣，由于认知低下，人们对自然力十分畏惧，进而发展为原始崇拜，并企图利用这种不被自己理解的神奇力量维持生存。因此，人们将这种具有原始崇拜和巫术的精神追求附着在服饰中，使人类服饰在千百年的历史发展中把本来属于宗教的精神信仰深深地蕴含在其中。

很多古老的民族文化除了用语言和文字记录，服装也是很好的载体选择，很多精神层面的东西通过服饰的图案装饰传承下去，并使后人在穿着时透过图案被唤醒关于先民的集体记忆。在一些民族服饰图案中就有表现超自然威力的动物、人物纹样。例如，格江地区苗族鼓藏节旌旗上的祖灵和有神灵的万物的图案，这些纹样在苗族服饰中随处可见，并通过与口头传说故事相结合的方式使图案保留得很完整。人们运用图案的手法来加强对崇拜物的感情，使图案与宗教意义紧密相连，加上每年的具有宗教意义的节日活动，本民族的音乐、舞蹈、祭祀等内容渲染着宗教气氛，能引起情感的兴奋以增强宗教的信念，更加强了一个民族对它的记忆。

2. 民族服饰与社会角色标志

民族服装还可以用于区分群体或个体的角色定位，作为一种社会角色标志，区分不同性别、不同地位、不同支系、不同职业的人，世界上大部分拥有较为完整文化体系的民族都有这种现象。

例如，民族服装作为一个较大的民族中各个民族支系的标准。即使是同出一源的民族，由于历史上的各种迁徙，发展出了不同的支系，在语言文字、习俗和传统服装上也会有较大差异。原本拥有相同服装文化的民族群体在迁徙中被分散、割裂，最后在不同的地区定居，在此过程中还会与其他民族相互交流，因此就形成了不同的语言、习俗和服饰。一个民族不同支系在服饰上整体风格一致，但在局部造型、装饰、色彩、材料等方面有些不同。例如，彝族仅按区域来划分，其服饰样式就分大小凉山服饰、滇西服饰、滇中服饰、滇东南服饰、滇东北服饰、黔西北服饰六大类型，每一类型中还有几十种款式。例如，大小凉山纳苏支系的服饰与大小凉山纳苏支系的服饰就有所不同。

（二）民族服装与生活环境、生产方式

民族所在地区的环境会直接影响民族服装的形态。具体而言，自然环境中的地域条件、自然气候等因素，社会环境中的政治、经济、科技等因素，还有各种生产方式等。这些物质条件是影响民族服饰文化的最根本因素，世界各地区的民族形成了具有地域特色的服装文化现象。地域环境是一个民族服饰文化赖以生存与发展的物质基础，从世界各个区域的民族服饰发展过程中不难看出，它们无一不是顺应着本地域的自然环境和自然条件而发展的。

例如，我国地大物博，各个地区生活的民族的服装因生活环境而大有不同，按照地理方位可以简单划分为东北、西北、西南与东南，而这些地区又有着不同的气候条件，分为寒带地区、温带地区、亚热带地区。生活在寒带地区、温带地区的少数民族主要有蒙古族、满族、鄂伦春族、赫哲族等。这些民族的主要生产方式是畜牧业，加之气候寒冷，于是习惯用牲畜的皮毛制作服装，其服装结构以中长袍、长裤居多；服装材料以毛皮、毡裘为主。例如，蒙古族、鄂伦春族等穿戴的长袍、皮衣、背心、帽子、靴、手套、皮包等都是以毛皮为主要材料制作而成的。

在我国的亚热带地区，即东南沿海地区，生活着很多客家人。这些客家人平时多以捕鱼为业，再加上此地的亚热带海洋性气候，为了适应生活环境，客家人常穿的大裆裤以裤裆较深、裤头较宽为特色，还皆戴竹制凉帽，用细薄竹篾编成圆平面，中间留空，戴在头上露出发髻，帽檐用纱罗布缝挂以便遮阳，客家人称之为凉帽。客家人多是从中原地区迁徙至东南沿海地区的，继承了部分中原文化，因此其服装也保持了中原宽博及右衽的特点，客家服装上衣

和裤子都保持了宽松肥大的古风。

生活在温带地区、亚热带地区的一些山地民族以农耕生活为主，气候特点是夏季潮湿、闷热，冬季不太冷，有些地区阳光充足，其服饰中裙子较多，大都以吸湿性较好的棉织物为服装的主要材料，冬季用棉袄保暖。

至于生活在西南高山地带的民族，生存条件比较艰苦，那里的日夜温差大，日照强、风干、夜晚寒冷，为了适应恶劣的气候，那里的少数民族一般使用动物毛制成毡、呢，进而制作披风、裙子、袍子、帽子等。例如，藏族的男女服饰，毛皮装饰领边的呢子长袍，袖口、门襟配上藏族特有的彩条毛织物，女子用它围在前面作围腰保暖。男子用它作袍子的边缘装饰；纳西族冬天的着装，在后背披上一件羊皮保暖，羊皮并没有做成皮衣而是缝上带子直接披在身上。

（三）民族服装与民俗习惯

法国民俗学研究专家山狄夫在其著作《民俗学概论》中将民俗分为了三个种类，分别是物质生活、精神生活、社会生活。总的来说，民俗就是一个民族群体在世代的生活中传承下来的生活习惯。民族服装具有民俗意义，其服装的形式和观念存在于某一个民族的社会风俗中。服饰直接反映社会物质生活，民族世代相传的服装款式、配件等具有民俗约定性和规范性；同时，民族服装本身就可以被看作精神民俗，其中包含着人们对美好生活的想象和祝愿。

例如，一些民族中，有这样一种风俗，为小婴儿举行穿戴仪式，我国中东部地区的人们就常常在婴儿满周岁的时候举办此仪式，给他穿上绣着福禄寿、桃枝、鲤鱼跃龙门等吉祥图案的特殊肚兜。基本所有民族都将成年当作人生的重要阶段，会举办盛大的典礼进行庆祝。例如，贵州也沙苗寨的男子在男童时期要留顶发、戴耳环、佩项圈；朝鲜族儿童的上衣用七色缎料相配，象征彩虹，有光明、辟邪、祝福的民俗内涵；彝族、侗族、纳西族等的女孩都会举行一个成人礼，换掉童年的裙装穿上母亲为其亲手缝制的成人裙装，跨入成人阶段。

族中有人死亡时需要换上丧葬服，丧葬服在各民族习俗中有着很多不同的讲究。在一些民族的习俗中，对丧葬服的色彩有规定，反映出不同的求吉心理。我国很多民族的丧葬服的色彩大都以白色为主，并戴黑纱、白花以示哀悼。例如，汉族一些地区的丧葬服，吊唁的人会头戴白纱或白布，手臂上戴黑纱，且身份地位不同的人的穿戴也有所不同；白族的丧葬服用白布做成，如果逝去的人是年岁很高的老人，那么其重孙、曾孙辈的亲人就要穿上红色的喜庆衣服，以示喜丧。贵州的一些少数民族的葬礼中，逝者的儿子要穿大袍、马褂，如三都水族丧葬服采用白色棉、麻布作丧礼大袍，孝子孝孙穿白布长袍，头扎白巾、戴白花帽，脚穿白布鞋。

二、服装中的民族文化寄托

（一）民族服装中图案的文化寓意

在民族的传统服装中，基本都有独具特色的传统图案装饰，这也是一种文化的印记，寄托着民意。这些图案中，较为常见的是从民族神话传说和历史事件中衍生出来的图案，由实物形象到抽象符号，从一种图案演变至多种形态的图案，有的甚至成为妇女之间交流的文字。民族传统服装直接反映了古人对美好生活的朴实愿望，较为常见的服装图案基本有祈求平安、富贵、丰收等寓意，主要的形式有求子图、花开富贵、龙凤呈祥、荷花绿叶、山茶牡丹、年年有鱼、二龙戏珠、人形纹、树纹、竹纹、蕨芨纹、鱼纹、蜘蛛纹、井纹、葫芦纹等。例如，贵州苗族服饰中的鲤鱼跳龙门纹样，贵州榕江地区侗族服饰中的背扇、围裙、头帕上的榕树与太阳纹，黎平尚重地区侗族妇女围裙飘带上的葫芦形香包的花朵图案。

（二）民族服装中色彩的文化寓意

过去，生产条件落后，人们没有先进的染料技术，因此很多传统服装的材料与颜色都是从植物中提取而来的，受区域环境的直接影响。服饰中的色彩也体现了它的世界性和个性，因此色彩的象征意义便伴随人们的生活而存在。一方面通过对自然环境所呈现色彩的魅力来体现其价值，另一方面由于不同民族的生存环境、历史文化的不同，对色彩的感知和认知又有着各自不同的语言。

对于中华民族服装而言，服装颜色的选择受到了阴阳家五行说法的影响，其中黄色象征神圣、红色象征南方、青色象征东方、白色象征西方、黑色象征北方。中国传统民族的服饰色彩在整体上经常出现的是蓝色、紫色、黑色、红色、白色等，这使传统民族服装显得鲜艳明亮，引人注目。民族服饰的各种色彩有的体现在衣裙上，有的体现在刺绣、织锦纹样上，因各自居住的地理环境不同而派生变化。民族服饰色彩中，一般男子服饰以白色、紫色或青色为主；女子服饰一般是在青色、黑色、红色、白色的底色上，于衣领、襟边、胸兜、袖口、底边等处配以色彩斑斓的花纹装饰。

三、部分具有代表性的民族服装

对民族服装及其文化内涵而言，各个地区有自己独特的服装文化，世界上的民族服装数量庞大，难以一一厘清，因此下文将选取几种具有代表性的民族服装文化进行分析，以此窥见民族服装文化的一角。

（一）旗袍

旗袍是满族的传统服装，是由满人入关带来的，是从清朝开始其演变过程可以细致地分为：旗人服装 — 旗女的裙袍 — 民国初旗袍（长马甲加短褂、短袄）— 新式旗袍（19世纪20年代文明新装）— 改良旗袍（19世纪30年代）— 时装旗袍（现代）。从宏观的角度来看，旗袍经历了清朝的旗女之袍、民国时期的新旗袍和当代时装旗袍三个时期，其中，最大的转变发生在民国时期。而将范围缩小，旗袍还可以被看作民国时期的民族代表服装，此后旗袍的款式也基本保持着民国旗袍的特征。人们现在所说的旗袍基本就是指代民国及之后的款式，清朝虽然有文献直接记录了"旗袍"这个名字，但是清朝旗女所穿的旗袍和民国以来的新式旗袍之间有四点明显的差异。

第一，最大的区别就是清朝旗女之袍不会裸露出女子的躯体，更不会显示腰身。清朝旗女之袍发展至后期，版型宽大、平直，完全不会收腰。而到了民国，旗袍的样式随着新文化的传入和思想的解放得到了很大改变。民国旗袍开始收腰，展现女子的身材。因为清朝的封建思想对女子的禁锢达到了极端，清朝旗袍隐藏起女子的身材和躯体，忽视人体的线条美，其实就是一种对女子名节的强调。与历代中原服装相比，旗人之袍就算是称身适体的了，但它只是修长了旗女的身材，却依然隐藏起她们的体形。

第二，清朝旗女之袍都配有长裤，而民国旗袍内穿不会显露出来的短裤，有时裸露双腿，有时穿着丝袜，这种身体上的裸露其实意味着新旧两种观念的交替。民国旗袍的衩有时开得很高，1934年就有接近臀下的，腰身又裁得窄，行走起来双腿隐隐可见，给人以活泼轻捷之感，可见当时对女性的行为约束已经大大放松，身心发育的文化氛围得到改善。

第三，旗女之袍面料厚重，多提花，装饰烦琐；民国旗袍面料较轻薄，多印花，装饰简约。对装饰细节的过分追求，反映了清朝末期封建统治者的审美心理。清朝织物纹样多以写生为主，百兽、百鸟、百花，以及八宝、八仙、福禄寿喜等都是常用题材。色彩鲜艳复杂，对比度高，图案纤细烦琐。此外，旗人之袍大量使用花边，曾达到无以复加的地步。起初，花边的出现是为了增加衣服的牢度，增加使用年限，因此花边多用于袖口、裤脚、领口等容易磨损的地方，后来人们在花边上加入了艺术设计提高美观度，久而久之就成了一种固定的装饰，蔚然成风。在清朝，花边基本已经失去了装饰的功能，旗女之袍以复杂的花边为美，这种风气在咸丰、同治年间到达了极盛，最夸张的时候，整件衣服都是花边镶嵌的工艺，基本看不见底下的衣料。到了晚清，随着国门的打开，西方面料大量流入中国市场，到了20世纪30年代，国外的纺织、印染工艺的引进也使原本耗时、耗力低效率的人工织锦逐渐失去了市场，更加简约的印花棉布、芒麻织物等被广泛使用。面料上的纹样装饰也吸收了西方绘画艺术的特点，追求色彩的和谐统一。西方条格、几何式样的织物也在此时受到了国人的追捧。总的来说，民国旗袍去繁就简，衣领矮了、袖子剪了、装饰镶滚免了，崇尚简约时尚（图5-3）。

图 5-3　20 世纪 30 年代的旗袍（褚宏生作品）

第四，清朝旗袍等级分明，而民国旗袍则已走上了平民化道路，作为等级身份的体现渐已淡化，成为显示个人消费水准和审美情趣的表现。清朝服装的条文规章多于以前任何一代，对品官冠服的色彩质地、当胸补子、朝珠等级、翎子眼数、顶子材料都有严格区分。此外还有其他一些服装禁例，如凡五爪龙缎等，官民均不得使用，如有特赐者，亦应挑去一爪穿用；军民等一律不得以蟒缎、妆缎、金花缎、片金、貂皮等为服装；八品以下官员不得服黄色、香色、米色以及秋香色；奴仆、伶人、皂隶不许穿花素各色绫缎……民国旗袍的生存环境相对来说比较宽松，此时封建统治被彻底推翻，中华服装从整体上摆脱了古典服制的束缚，近代资本主义商业文明的洗礼下，等级贵贱、性别尊卑的陈规陋习开始受到冲刷。女性服装呈现出多彩而自由的时代色彩，这一昔日具有等级标识、不容逾越的领域，逐渐演化为代表消费者情趣，衡量其消费能力的通用尺度。

而到了 21 世纪，追求时尚的人们再次将目光投向了旗袍，率先刮起旗袍风潮的是影视剧，如香港影片《花样年华》中，影星张曼玉一共换了 20 多套旗袍，电影播出后刮起了一阵"旗袍热"，不少消费者拿着张曼玉的剧照去服装店要求定制同款旗袍。

（二）苗服

中国的少数民族服装中，苗服一直有着鲜明的存在感，占据了民族服装大家庭的一席之地。从古至今，源远流长。随着时代的发展，其服装技艺也日臻完善，逐渐形成了古老神秘而又现代时尚的服装文化。

《后汉书》载，苗族远古先民有"好五色衣服""衣裳斑斓"之俗。由于历史原因，苗族不断迁徙，分布较广，支系众多，服装明显表现着地域的差异。

分布于贵州省黔东南地区的苗族妇女的服装特征上半身穿交领短上衣，下搭百褶裙，百褶裙有短有长，长的可以一直垂齐脚背，较长的到了膝盖下方，而最短的只有 20 ～ 30 厘米。湘西和贵州黔东北的苗族妇女的服装特征为上身穿圆领大襟短衣，下搭宽脚裤，在服装的肩膀、襟边、袖口、裤脚处皆有纹样装饰，头上还有包头帕。贵州黔中南地区的苗族女性的服装特征是穿交领对襟上衣，下着中长款的百褶裙，服装工艺基本是挑花、蜡染、镶补。

而在黔西、川南、桂北等地妇女的服装特征：上身穿大襟或对襟短衣，下搭蜡染工艺的百褶裙，腰上系着围腰，腰后还垂着飘带。海南一带的苗族妇女的服装特征：穿黑色圆领偏襟长衫，腰束红色织带，衣领、袖口、衣襟均饰红布窄边，下围蜡染布裙，花饰较少，显得素雅大方。相反的是，即使分散在不同区域，苗族男子的服装差异不大，通常情况下，苗族老年男性穿青布长衫，青壮年男性穿对襟或大襟上衣，下着大裆裤。苗族男性在族内较大的场合一般会穿绣大花彩色的"百鸟衣"或穿白色麻布长衫，这种衣衫为前开襟，没有领子也没有袖子。男女头饰根据各支系服饰的特点也纷繁各异，男子多以长布缠头，女子多梳发髻于头顶，用布包头或戴帽，或插银簪作为发饰，足穿绣花布鞋，习惯打绑腿。各地服装面料多为自织自染的麻布和棉布。

苗族的服装之美主要通过蜡染、挑花、编织、刺绣和银饰等工艺表现出来。苗族服装使用蜡染十分普遍，衣、裙、围腰以及其他棉织生活用品，几乎都有蜡染制品。其蜡染图案各地不同，贵州安顺一带多用几何图形，精工细作；而丹寨的蜡染多以变形的花鸟鱼虫为主体，显得既抽象而又不失真。近代发展为彩色蜡染驰名中外。

苗族的刺绣以粗犷大方、色彩浓丽以及针法多样而著称，如破线绣、绉绣、缠绣、打籽绣等，用这些针法绣出的图案立体感强，犹如浮雕，几十年甚至上百年仍保持原有本色。苗服上苗绣的图案种类多样，从动物到植物，再到条纹，大大小小有几十种。苗绣中的图案不止样式多，在图案形状上也有着大胆、奇妙的构思，常见的是运用夸张和变形的手法，这种艺术处理的方式使苗服的图案装饰犹如童话般充满了幻想。有时，鸟会有蝴蝶的翅膀，老虎会长出鱼鳞、动物的腿长在背上，这些与客观现实相悖但又具有饱满情感的艺术形象，将苗族文化的内涵和审美趣味表达得淋漓尽致，显示了苗族人非凡的想象力和创造力。此外，这些图案很多正是来自苗族的历史与传说，透过这些图案可以窥见苗族的发展史，进一步认识苗族的文化。威宁苗族妇女的裙上的三条横道，据说是表示祖先从北向南迁徙所跨越的黄河、平原及长江。黔东南苗族服饰上的蝴蝶图案，则又是对"蝴蝶妈妈"的祖先崇拜。

苗族服装艺术是苗族人民智慧的结晶，它无比生动地体现了苗族人民多彩多姿的精神面貌，是苗族人民对人类历史文化的重大贡献。现今，许多设计师都将苗族元素直接或间接地运用到服装设计中（图5-4）。

图 5-4　苗族服装（古阿新品牌）

（三）印度纱丽

纱丽是印度妇女的传统民族服装，这种长袍一般是披在内衣之外的。印度妇女穿着纱丽的历史很悠久，发展出了丰富多彩的穿着文化。这种服装最早的穿着记录可以追溯到距今五千余年前，根据印度史诗《摩诃婆罗多》的记载，就曾提到五千年前存在一种珍珠滚边的纱丽。在印度的古代镶刻中，也常常可以看到披纱丽的妇女形象。而最早的纱丽是举行宗教仪式时男女都可穿的一种服装，到后来才演变成妇女的服装。

传统的纱丽服不用剪裁，一般用一块长 5 ~ 8 米，宽约 1 米的丝绸作为主体，两侧有滚边，衣服上绣有各种图案，有色彩淡雅的几何图形，也有艳丽的花卉。现在的纱丽服在制作上大有改进，均加上了领口和袖子。纱丽的穿着也有一定的规定，通常是围在女性的长衬裙上，从腰部围到脚跟，形成筒裙的形状，随后将其末端的下摆披在肩膀上，这就成了一件穿着灵活的外裙。纱丽的颜色选择上一般与上身所穿的素色或花色的短袖衫相协调（图 5-5）。有时，妇女穿着短衫时，纱丽围成的筒裙与短衫之间还会露出一截腰肢。有时，由于所处环境不同，妇女穿着纱丽的方式也会不同。在节日庆祝时，印度地区的妇女们就会穿着纱丽聚集在一起歌舞，场面十分优美动人。此外，纱丽的样式与面料也会因为妇女的出身、地位、工作有所不同。

图 5-5　婚礼纱丽（萨比阿萨奇作品）

（四）日本和服

和服具有独特的民族特色，蕴含着日本民族的传统文化，尤其是其女式和服，样式多变、款式复杂，具有较高的艺术欣赏价值，时至今日还受到日本人民和世界人民的喜爱。

和服是采用直线造型，对于布料采用直截法，经缝合完成。和服可以在一定程度上补正日本人在体形上的不足，它同时也适合于不同体态的人穿着。和服与现代西方体系服装存有明显的区别，西装以男式、女式来区分服装的主要类型，男装包括西装上衣、裤子、西装背心等。女装包括西装上衣、普通上衣、裙子等，此外，还有帽子、围巾、手袋、袜子、领带等附属品，而和服则不分上下，也不是以男装、女装来划分，而是按照和服的组合式样，分为长着、羽织、襦袢、带、袴、上衣等。也就是说，和服各部位的名称都是相对独立的。和服的种类很多，从使用功能上分，有礼服和日常服两大类，根据具体穿着的场合、目的和时间的不同又有许多区别。

　　传统和服过于烦琐，因此，现代许多设计师对和服进行了改良，在原有和服中加入了现代元素（图5-6）。

图5-6　现代和服（齐藤上太郎作品）

第六章　服装的流行与文化

　　服装的流行是一种客观的社会文化现象，是在特定条件下产生的，它能够充分体现一个时期的精神风貌、人文思潮、政治体制、经济状况、科学的发展等。服装流行是服装文化的款式变迁，更是服装文化的发展演进，服装流行作为人类文化的重要组成部分，具有文化性特质。本章即对服装的流动与文化展开研究。

第一节　影响服装流行的因素

服装流行是一种复杂的社会现象，体现了整个时代的精神风貌。服装体现着政治、经济、文化、地域等多方面的社会发展面貌，它是与社会的变革、经济的兴衰、人们的文化水平、消费心理状况以及自然环境和气候的影响紧密相连的。这是由服装自身的自然科学性和社会科学性所决定的。社会的政治、经济、文化、科技水平、当代艺术思潮以及人们的生活方式等都会在不同程度上对服饰流行产生影响。而个人的需求、兴趣、价值观、年龄、社会地位等则会影响个人对流行服饰的采用。服饰流行的影响因素可以概括为以下几点。

一、影响服装流行的自然因素

服装的某种风格因适应生态环境的需要而产生，着装者不可能生活在真空中，他必定置身于一定的生态环境。作为生物中的一分子，有生命的人受惠于大自然的生态环境，同时又必须以各种手段使自己能够抵御自然界过强的刺激与压力，也就是适应所生存的生态环境。

（一）气候条件

保温御寒是服装最基本的物理功能之一，服装的流行也必然受到气候变化和四季更替的影响。自然气候的温度、湿度、风速、日照、降水量等都对服装有着直接的影响。从世界服装整体现状来讲，寒带和热带、海洋性气候和沙漠性气候的人们都有各特定的服装模式。因此，所谓服装的流行是一个总体概念，而居住在世界各地的人们都需要根据各自的气候条件进行适度的调整和选择，使之适应这种气候特征。从这个意义上看，常常是气候条件越是恶劣的地区，人们对于服装流行的亲和力也就越小，而气候条件越是优越的地区，人们对于服装流行的亲和力也就越大。

（二）地理条件

由于人们居住地的地理条件不同，人们设计制作服装时，必须要充分考虑到地理条件对人体生理的影响，使地理条件成为人们服装的一种无形的约定线。

纵观服装演变的历史，人们世世代代在特定的地理条件下生存着，即使没有自然"教科书"的帮助，由于人类生理的自然要求，也会从中领悟出一些科学原理，进而总结出最适合某种特定地理条件的服装，以保证人体生理需求得到最大限度的满足。

（三）人口分布条件

人口分布是指区域性人口的密集程度、年龄层次、职业、性别比例等条件状况，这些要素构成了人口分布的总概念。人口分布对服装流行消费的状况具有直接的作用和影响。

由于人们年龄、性别等方面的差异，造成生理和心理上的不同，从而形成层次性的服装消费，并由此产生各种形式的服装流行。对人口分布特点的基本条件进行分类，有助于我们了解人口分布对服装消费的制约作用，可以帮助我们在宏观上控制生产和消费的规模，调整生产和流通的运行机制，满足社会对服装消费的需求，以获取良好的经济效益和社会效益。

二、影响服装流行的社会因素

（一）经济因素

经济状况影响着人们的消费能力和对未来生活的信心，尤其是服装业对经济状况极为敏感。经济繁荣时期人们的着装更追求新颖和变化，流行的节奏更快，流行风貌更丰富多样，是表达社会物质文明最充分的指标，如20世纪30年代，欧洲乐观的经济情况为时尚业的快速发展奠定了良好基础。当社会经济不景气，人们都将精力放在民生问题方面，首先要求解决食、住的问题，对服装款式是否流行便不会太关心，亦不会时常购买衣服，于是造成服装业的萎缩，而服装款式的转变必然相应地减慢，甚至停滞不前。

（二）文化因素

任何一种流行现象都是在一定的社会文化背景下产生和发展的，因此，它必然受到该社会的文化观念的影响与制约。从大方面来看，东方文化强调统一、和谐、对称，重视主观意念，偏重内在情感的表达，常常带有一种潜在的神秘主义色彩。因此，精神上倾向于端庄、平稳、持重与宁静。服装形式上多采用左右对称、相互关联。例如，中国、日本、印度等国家的传统服装都是平面、二维、宽松而不重视人体曲线，被西方人称为"自由穿着的构成"，但都讲究工艺技巧的精良与细腻。西方文化强调非对称，表现出极强的外向性，充满扩张感，重视客体的本性美感。服装外形上有明显的造型意识，着力于体现人体曲线，强调三维效果。国际化服装是当今的主流服装，各种文化之间的界限在逐渐淡化，各国服装流行趋于一致，但同样的流行元素在不同的国家仍然保持特有文化的痕迹，其表达方式也带有许多细节上的差异。例如，西服套装，中式西服套装带有明显的清新、雅致的感觉，而欧式则更加强调立体感与成熟感。因此，地域文化同样对服装的流行有着重要的影响。它通过对人们的生活方式与流行观念的影响，使国际性的服装流行呈现出多元化的状态。

（三）政治因素

国家或社会的政治状况和政治制度在一定程度上对服饰流行也有影响。等级制度森严的封建社会中，统治者为了维护和巩固其统治地位，对不同阶层人的服装都有严格的规定，个人自由选择服装的余地很小，并且除了统治阶层之外，多数人生活贫困，没有经济实力追求流行。流行成为大众化的现象，只有在人的个性获得解放，人们享有充分自由选择权利的社会中才有可能。从历史上看，社会动荡和政治变革常会引起服装的变化。例如，18世纪法国大革命时期，革命者曾流行穿长裤，与保守派的半截裤大异其趣。

（四）法律因素

法律是明文规定的，具有强制执行的性质，是影响服装流行的外部因素。历史上许多国家和地区都曾制定过一些有关服饰的法律、禁令或条例。在西方一些国家，随着社会的发展，身体裸露的法律趋于缓和，但在一些非洲国家，仍有法律禁止女性在公开场合穿着超短裙、短裤、前面 V 型开衩的长裙等。

雅典曾经通过法律，规定裙子离地面不准超过 35 厘米，美国弗吉尼亚州也曾通过了一条法律，禁止穿高于膝盖 10 厘米的裙子。随着现代社会中人们对健康生活的强烈要求，许多国家以立法的形式规定服装纺织品必须使用生态纺织品标签，用以维护消费者的权益。

（五）民俗因素

民俗习惯在一个地区是世代相传的。服装作为一种与生产生活息息相关的穿着用品，必须是能便于生产生活、有利于社会发展、与人们日常生活相适应的产品。服装设计师在进行服装设计时，也应充分考虑消费对象当地的民俗习惯，这样设计出的服装才能得到人们的喜爱和推广。

（六）科技因素

科学技术对服装的流行有着举足轻重的影响。古往今来，每一次有关服装技术方面的发明和革新，都离不开新的科学技术的进步。19 世纪初，由英国工业革命引起的第一次技术革命的浪潮推动了科学技术的迅猛发展，服装业随之出现了一系列的新成果：发明了织布机和羊毛织机，化学染料和印染技术问世，化学纤维和合成纤维产生了，这些都为服装业发展提供了坚实的基础。同一时期，法国人设计、发明了第一台缝纫机，缝纫机的应用对当时的服装工业起到了巨大的推动作用，不仅大大节省了劳动力，而且提高了服装生产的效率。20 世纪 60 年代，美国的阿波罗 II 号卫星发射成功，从此揭开了人类遨游太空的序幕。随着太空时代的到来，服装领域出现了被称为"来自太空的设计"的白色系列超摩登组合服装；太空系列、太空图案等也一时间成为流行主导趋势。近期纳米技术的研究成果及其在服装材料上的运用，进一步强化了服装的物理性能和化学性能，使当代服装具有了更高的科技含量。

（七）艺术思潮

每个时代都有反映其时代精神的艺术风格和艺术思潮，每个时代的艺术思潮都在一定程度上影响着该时代的服装风格。无论是哥特式、巴洛克、洛可可、古典主义，还是现代派艺术，其风格和精神内涵无一不反映在人们的服饰上。文化艺术对服装的影响是广泛而深刻的，丰富的文化艺术风格和形式拓展了服装的表达能力，使服装从文化艺术中吸收设计灵感，展现时代感和美感。现在，文化艺术交流的国际化和全球经济的一体化也将导致在日常生活中的服装审美需求越来越国际化，表现出更强的、更具时代性的文化艺术特征。

（八）生活方式

随着社会的变革和经济、科技、文化的进步，人们的生活方式也发生了改变，不同的生活方式决定了不同的服装穿着。生活方式与环境有关，生活在节奏快、经济发达的城市中人们的穿着与生活在节奏慢、相对不那么发达的郊区或乡村中人们的穿着会有所差别。服装与生活方式有关，从另一个角度来说，服装也改变着人们的生活方式。

（九）社会群体意识

社会存在决定社会意识，而社会意识又是影响人们消费需求的思想基础。某种意识一旦形成，就会逐渐成为一种习惯，并进而成为一种传统，一种公众心理行为，这就会给服装的流行带来巨大的影响和制约力量。

1.群体意识的特点

群体意识是一定范围内的政治、经济、文化发展状况的综合体现。从人类需求的特点看，它又是人们根据自身的生存利益，对一定时期内的政治、经济、文化发展的基本认识。因此，群体意识具有时空的相对性。

服装作为一种社会存在的物质形式，具有良好的实用功能和社会功能。前者表现在满足人类日常生活物质需求的直接功利作用上，后者反映在超越人们日常生活物质需求的间接功利作用上。两种作用都会使人产生相应的象征性概念认知，这种概念认知一旦稳定，就会成为一定时间、地域内的社会意识。这种反映在社会群体中的服装意识，不仅表现在对服装的外在形态的评价上，更重要的是，它对服装的实用性和社会功能的适应性有比较深刻的理解，从而使这种意识成为一种对服装综合评价的标准。

当某种服装被广泛的社会群体接受后，它的外在形态也就自然而然地成了一种相对的"传统"形式，这实际就是一种公众心理的认可的体现。它产生的根源，除了人们在着装时，人体感受到的舒适感觉和因视觉感应获得的愉悦情绪外，更多的是在长期的社会实践和认识过程中，人们通过大脑的思考对各个时期服装的社会作用形成了一种稳定的社会适应心理。这种社会意识深藏在人类追求更好的生活的需求和欲望中，是通过实际应用和审美判断而形成的。

2.群体意识的影响

一般来讲，越是在科学和经济发达的地区，人们的自我意识就越强，就越不会轻易盲目地效仿某种消费行为。相反，在科技和经济落后的地区，群体意识的形式更稳定，自我意识的发展变化更小，服装所谓的"流行期"也就更长。社会意识除了对服装流行具有差异化的影响外，还具有一种普遍的效用，那就是意识中的城市化效应，这种现象在世界范围内普遍存在。这是因为，以政治、经济、科技、文化为中心的大城市象征着一种先进的社会生产力，人们在心理上对这种象征性形成了固定认识。这种认识也就是一种社会群体意识，它可以对流行行为产生推动或制约作用，由此而形成趋势。

（十）社会事件

在现代媒体的传播和引导中，社会上的一些事件常常可以成为流行的诱发因素，并成为服装设计师的灵感来源。重大事件或突发事件一般都有较强的吸引力，能够引起人们的关注。如果服装设计师能够敏锐而准确地把握和利用这些事件，其设计作品就容易引起大众的共鸣，从而产生服饰流行的效应。例如，1997 年香港回归，2008 年北京奥运会等重要事件，都曾经引起带有相应元素的中国风服饰的流行。近些年国际广泛流行的"太空衫""宇宙服""南极服"等，也和人类进入太空、南极探险考察等事件有着密切的关系。

三、影响服装流行的心理因素

流行在服饰领域的影响是不容忽视的，每个人都会受到流行的影响并产生一些微妙的心理反应，同时，正是这些心理反应使服装流行不断地向前发展。影响服饰流行的心理因素很多，主要体现在以下几个方面。

（一）求廉

由于贫困和落后，使生活拮据的消费者购买服装的目的仅局限于满足蔽体、防寒、保暖这些最基本的功能需要，在这一前提下，消费者会购买廉价实用的衣服。

（二）追求美

爱美是人的天性。审美学说认为，服装是人类为了美化自身而产生的。这从石器时代的原始民族就已经用美丽的羽毛、贝壳来装饰自身可以看出。无论年龄、性别、人种，美都是人们共同的追求。这也促进了服装流行的发展。

（三）喜新厌旧

喜新厌旧乃人之常情，大凡正常人在健康的心理状态下都具有喜新弃旧的特性。反映在审美活动中，就是不断地利用新的流行的服装来满足这种欲望。从唯物辩证法的角度来看，事物本身矛盾的两个方面动态表现为从不平衡到暂时的平衡，从暂时的平衡又回到不平衡的过程。人们对服装美的追求也是如此，满足是暂时的、相对的；不满足是不断产生的、绝对的。从另一个角度来看，服装的新与旧也是相对的，如超短裙在20世纪60年代和80年代都是流行的（当然，其造型是不同的），那么对于40岁以上的人来讲是旧的，而对于20岁的人来讲则是新的。因此，服装的社会基础是永恒的，而接受流行的人总在不断地轮换，无论何时，总会有新的接受对象产生，也正因为如此，才能充分显示出服装流行的无限生命力。

（四）表达自我

在服装的选择和搭配上，人们倾向于通过服装表现自我个性、价值或爱好。服装是人内在价值的外在表现，不同身份地位、不同文化素养、不同爱好特点的人会选择不同的服装。服装的价值之一就是能够在装饰性的基础上体现出人们的个性特点。

（五）趋同从众

趋同从众心理是一种普遍的社会现象，是服装流行中人们的一种行为模式和服装流行的动力。人们渴望与周围群体的着装一致，渴望与时代的服装流行协调，以免给人产生过时或超前的印象。趋同从众心理能在一定程度上促进服装流行的产生和更替，有一定的积极意义。

（六）模仿

在服装流行和人们进行审美的过程中，模仿是一种行之有效的手段。人们常常对自己应该穿什么衣服不是十分清楚，而又喜欢去品评别人的穿着，可见对服装美感的欣赏是部分外在于自身的。人们经常去寻找与自己体形条件相近的着装者进行模仿，以此来寻求一种心理上的满足。与此同时，人们对服装的模仿又往往表现为有选择的模仿和有创意的模仿。有选择的模仿是指在看到满意的服装时，十分理智地进行推敲，选择与自身条件相适合的款式、色彩及面料等进行模仿；有创意的模仿则是对服装的流行趋势进行筛选，并根据自己的审美情趣和内在气质进行再创造，但总体上不脱离流行趋势的模仿行为。模仿行为对于服装的流行起到一种积极的作用，它能刺激服装的产生和消费，推动服装流行的进程。

四、影响服装流行的生理因素

人是服装流行过程中的主体，服装是为人服务的。人的生理因素与服装流行密切相关。这种关系主要体现在人对服装的外在形貌和物理性的需求上。如地理环境、气候冷热变化等会使人体的生理机能失衡，这种情况下就需要依靠服装进行调节，这种调节本身和调节过程促使了服装的变化和发展。服装人体工学、服装工效学、服装卫生学的研究，就是围绕着服装与人的生理需求而展开的。人们所熟悉的每年的季节性的服装流行发布及各个不同地区的服装流行发布，一方面是服装文化发展的需求，但同时也是为了更好地满足人们对于服装的生理需求。另一方面，在世界范围内，不同的人种对服装的实际需求也不尽相同。如白、黄、黑三种不同肤色的人种在人体外形和骨骼结构特征上都有着一定的差别，就是同一人种，个体之间也会存在不同的生理特征，所以不同的人在对服装造型的选择和使用上也各有特色。可见，生理因素对服装的流行会产生一定的影响和制约作用。

第二节　服装流行的文化影响力分析

西方流行服装发展到今天，经历了服装文化数千年的传承演变和时尚品牌上百年的发展演进，西方国家凭借强大综合国力和时代历史机遇，以强大文化影响力为依托，确立了西方流行服装的强势主导定位。我国自古是衣冠之国，朝代更替下传承至今的本土服装文化为中国当代流行服装提供了强大深厚的软实力资源。我国服装文化随着中华民族的发展复兴逐步展示着其在当代中国文化语境下的时代精神，并开始形成富有特色文化的影响力，促进着中国流行服装的成长，逐渐成为国际流行服装文化中不可或缺的重要组成部分，这些成绩对中国流行服装业既是激励也是动力。

一、文化影响力对服装流行的作用

（一）文化影响力对服装流行的指导作用

文化影响力对服装流行的指导作用主要体现在思想指导上。集体文化影响个人文化。服装流行文化是集体文化，服装穿着文化是个人文化，服装流行影响和主导个人穿着，所以服装流行文化影响和主导个人穿着文化，文化影响力对人群集体的流行服装意识具有思想上的主导作用。

在当代，个人很难摆脱强势的消费文化的影响，以完全中正、独立的思想观念认知商业社会。同理，个人挑选和穿着流行服装时的思想观念定会受到流行服装文化的影响。文化影响力是服装流行的思想主导，有怎样的文化就有怎样的服装，有怎样的强势文化影响力就会有怎样的服装流行。

（二）文化影响力对服装流行的支撑作用

文化影响力可以为服装流行起到智力支撑的作用。"时尚需要文化背景，没有文化支撑的时尚，是暴发户似的时尚，外表的改变难以成为内质的更新。流行的滋生和扩散对文化氛围的要求很高，很难想象一个纯粹的发达的工业城市会成为一个流行中心。" ❶

商家在出售流行服装的同时推广和销售的是文化影响力，买者在购买流行服装的同时接受和认可的也是文化影响力。文化影响力为服装流行提供智力支持，为流行服装生产者提供文化资源和设计灵感，为流行服装接受者提供文化荣耀和精神满足。

以文化影响力为流行服装生产者提供设计灵感为例，古驰前设计师芙瑞达·基阿尼尼曾在冬装发布会上以俄国沙皇服饰文化为智力支持，用绣花农夫衬衫、羔羊皮外套、铆钉装饰背心、平底马靴等元素营造出了生动的俄罗斯文化。这对于流行创造者和流行接受者来说都是精神文化盛宴。

（三）文化影响力对服装流行的驱动作用

文化影响力对服装流行的驱动作用体现在可以为其提供强大而持久的精神动力。服装是人体的第二层皮肤，与着装者之间的文化亲密度是其他文化现象难以比拟的，它潜移默化、润物无声般地影响着装者的文化思维，给予着装者强大的精神动力，如朝代更替中人们常因强调文化归属而不愿放弃前朝服装给予的精神动力。

以清朝统治者对汉化满族服装的反对态度为例，皇太极曾对儒臣谏请采用汉族服饰表示抵制，在凤翔楼召集皇室、官员训话，提出了满族服装不可汉化的观点，并认为前朝金世宗完颜雍在服装汉化下恢复女真服装的原因，担心子孙因易服丧失本族文化本分、淡化精神动力。乾隆对臣子进言易服再次采取抵制态度，并集合臣子在凤翔楼训诫，认为"我朝满洲先正之遗风，自当永远

---

❶ 李昭庆：《服装流行与文化影响力研究修订版》，北京：中国纺织出版社有限公司，2020 年，第 34 页。

遵循"❶"衣冠必不可轻言改易"❷。

二、服装流行文化影响力的内容

服装流行的文化影响力包括个人服装文化影响力、民族服装文化影响力、服装企业文化影响力和服装产业文化影响力这几部分。在个人服装文化方面，教育和培养个人的流行服装文化体悟力，吸引和争夺流行服装人才；在民族服装文化方面，发掘和汲取传统服装元素，丰富和拓展流行服装文化内涵；在服装企业文化方面，提升和经营企业形象，滋养和历练企业文化价值；在服装产业文化方面，开发和研习设计创意，扶持和引导流行服装产业，这些都有利于流行服装文化影响力的提升。

（一）个人服装文化影响力

服装流行的个人文化影响力的来源，有流行服装文化教育和流行服装人才引进两种。

①流行服装文化教育。教育自古是传承、发展文化的根本途径。服装教育对流行服装行业人才培养有基础性指导作用。许多在流行浪潮中游刃有余的精英舵手都是在经过专业实践和在社会历练多年后依靠内外因共同作用实现成功的，但不可忽视学校教育给予的文化启迪和文化积累。若扩大教育外延，可以说服装人才在"社会大学"中积累经验也是一种受教育的方式。流行服装教育需要优等教育资源和优秀教学水平的支撑。流行服装教育不同于其他文化类学科教育，许多只可意会、不可言传的设计风尚需要教学环境的熏陶和专业名师的点拨。因为一地区流行服装教育品质的高低直接影响着该地区服装流行运营的深度、广度、力度和成熟度，所以流行服装文化教育应兼顾特色突出和注重实用两条原则。

②流行服装人才引进。人才培养除了内部教育外还有外部引入的途径。"海纳百川，有容乃大"，引入人才有利于流行服装行业汲取动力、增进活

---

❶ 黄能馥、陈娟娟：《中国服饰史第 2 版》，上海：上海人民出版社，2014 年，第 523 页。
❷ 李之檀：《中华大典·艺术典·服饰艺术分典》，长沙：岳麓书社，2017 年，第 343 页。

力、突破瓶颈、谋得发展，避免陈旧僵化和裹足不前。优秀的被引入人才能以自身服装文化涵养对流行服装做出生动诠释，并将自己体味和领悟到的各式服装文化通过文化创意展现出来，大幅提升流行服装的文化影响力。

人才引进能实现引入机构与被引入人才间的互选和共赢。流行服装人才引进包括教育人才引进、营销人才引进、设计人才引进等多方面，其中以设计人才的引入最为瞩目和最富成效。

（二）民族服装文化影响力

"随着民族的发生和发展，文化具有民族性，通过民族形式的发展，形成民族的传统。"文化是一定区域内一定民族意识形态的反映和表达。文化是集体性的民族文化，民族文化是集体性的民俗文化。脱离民族本源的文化是苍白无力的，提升文化影响力应以提升该地区的民族文化为根本策略，提升流行服装的文化影响力同样如此。

1.民族服装文化影响力的构成

民族服装文化影响力由物质文化面和精神文化面两个方面构成。

（1）物质文化面

一时一地区曾经流行或正在流行的民族性服装本身是民族服装文化影响力的物质文化面，比如西式服装、中式服装、少数民族服装……甚至与民族服装相对应的国际服装，也是某一民族服装被国际社会广泛穿着进而国际化、流行化的结果。

（2）精神文化面

民族性流行服装产生的装饰审美、道德礼节、标志、扮相拟态等一系列精神文化产物，是民族服装文化影响力的精神文化面，比如服饰民俗学探求的民族服饰的发展演进、饰品妆饰、穿着规范等，都属于民族性流行服装精神文化面的范畴。优质的民族性流行服装文化具有强大、深远的文化影响力。

2.民族服装文化影响力的作用

将民族元素运用于当代流行服装，是流行服装从业人员以文化感召来吸引顾客、提高竞争力的绝佳途径。流行服装设计师常通过民族采风来寻找创作灵感，流行服装企业则常以推出民族元素流行服装或倡导种族、民族平等文化观念来创造财富。

3.民族服装文化影响力的发展优势

人可以以所穿的衣物作为媒介来感知外界，着装者都有这种将所穿的衣物作为身体的一部分来扩大延伸自己的触觉范围的自我扩张的心理。民族性流行服装的着装者也许并不属于该民族，但可通过穿着该民族风格的流行服装体验到该民族的文化风貌，满足自我的异域文化感知心理。

而且，国际一体化趋势越明显，出于保护和追寻本民族文化的动机，个人和团体寻求本族文化归属、皈依本民族文化的呼声就会越高涨。在此基础上，人们对蕴含本民族服装文化元素的流行服装的消费需求就会越旺盛。这种消费需求扩大了民族化流行服装的文化影响力，使服装流行多样化特征更加彰显，流行个性化特色更加突出，流行周期更加短促，流行风暴更加强烈。

（三）企业服装文化影响力

企业文化是企业以管理为核心、以营利为目的的综合文化系统。企业服装文化影响力主要由以下几个部分组成。

①企业文化氛围影响力 —— 企业环境。企业环境是企业在生产、销售等经营运作中面临的现实环境，是企业文化最重要的组成部分。企业环境很大程度上决定着企业的经营作为，是企业文化能否形成的决定性因素。

②企业文化核心影响力 —— 价值观念。价值观念是企业的基本信念、根本信仰、行为原则、行事准则，是企业文化的核心组成部分。企业常以指定口号和制定标准来诠释该企业的价值观念。

③企业文化楷模影响力 —— 代表人物。代表人物是人物化的企业文化，是创造、体现企业文化的典范和企业员工学习效仿的楷模。许多企业的成功与发展都与其代表人物息息相关，如巴黎世家的代表人物巴伦夏加就是其品牌精神的绝佳代言人。

④企业文化仪俗影响力 —— 典章礼仪。典章礼仪是被行为化了的企业文化，是企业文化指导下员工遵循的行事规范和行为礼仪。行事规范强调行为的日常规范性，行为礼仪强调行为的仪式典范性。

⑤企业文化关系影响力 —— 文化网络。企业文化关系影响力指的是企业

的文化网络。文化网络是企业经营中的文化沟通手段和文化链接渠道，是企业内部、外部为方便文化联通而人为编织和生成的关系网络。

　　企业的这五部分之间相互影响、相互作用并生成强大的文化影响力，在提升企业内在文化内涵的同时促成企业外在文化输出，进而促进流行服装的销售和服装流行的生成。

（四）产业服装文化影响力

1.产业服装文化影响力的生成方式

　　产业服装文化影响力的生成来自流行服装产业的创意引领。一个时代、一个地区的创意文化的发展程度，能够反映该时代、该地区流行服装产业的发展成熟度。优秀流行创意作品所传达的文化理念会在受众中产生广泛而强烈的文化向心力与感染力，这种文化影响力能推动消费者的文化认同和文化接受，产生一定文化价值和一定规模的服装销售市场，继而产生服装流行和流行周期，推动流行服装产业成熟。

　　流行服装中创意引领的特性是，文化接受热度愈到创意中心愈高，文化接受压力愈到创意中心愈低。流行风尚发源于创意文化发达的特定地区，正常情况下发展路径稳定、规律，少数情况下流行风尚发展路径曲折、多变。

2.产业服装文化影响力导向方式

　　产业服装文化影响力导向方式是流行服装产业的创意扶植。

　　当代流行服装创意具有从个体自发型向产业导向型转化的发展趋势。个体自发型经营向产业导向型经营的转化，使流行创意个体在流行创意产业支持下克服流行创意中的个体盲目性并降低其风险；使流行创意产业因个体流行创意注入而增强自身的灵活性并提升规范性。

第三节　当代服装流行的传播分析

　　服装之所以能在不同的地域和不同的人身上有其特定的流行方式，得益于服装流行的传播。传播是服装流行的重要手段和方式，没有传播就没有流行，也就不可能呈现出如此多样的着装风格。

一、服装流行的传播方式

　　服装的流行之所以能够迅速地形成一种趋势，是因为有其自然形成的和相对有序的传播方式，这种传播方式对于服装的流行起到重要的促进作用。长期以来，服装流行的传播方式有以下几种类别。

（一）大众传播

　　大众传播是指有关机构和有关专业组织利用各种传播媒体对服装的流行趋势进行报道，使服装的流行趋势快速地深入大众生活中去的传播方式。目前这方面的主要机构有服装工业协会、服装设计师协会、服装协会、服装研究所等。传播媒体有电视专题节目、各种服装画报、服装杂志及一些服装专业报刊。这种传播方式可以让更多的、各种层次的人关注和了解服装流行趋势的发展新变化。

（二）广告宣传

　　在广告业发达的今天，对商品广告的整体策划是宣传产品的一个重要手段。但从传播服装流行信息的角度来看，流行的主题是十分抽象的。真正的趋势要通过服装面料、款式、色彩来传达，让纺织厂、印染厂、成衣生产商和批发商根据这些流行趋势来组织生产，也让消费者知道下一季的新时尚，指导他们购买。

　　除了定期出版的刊物，各种海报、招贴、宣传画也是服装流行传播的重要广告载体。各大商场门前或外部都有巨幅的时装海报，繁华街区道路两边各种服装广告灯箱比比皆是，地铁站、公共汽车站、火车站或机场等地也是绝佳的广告投放地。不同国籍、年龄与社会阶层的人在广告投放地交集，这些服装信息对他们都产生了或多或少的影响。

（三）时装展示

　　时装展示是服装流行的主要传播方式。消费者能够通过时装展示对即将流行的服装特征有一种直观的认识和了解，同时，时装展示也使服装流行的文化内涵与消费者的审美观念产生应有的共鸣。

　　时装展示一般分为动态展示和静态展示两种形式。

1. 动态展示

　　动态展示是选用着装模特在特定的舞台上或有关场所进行的，通过模特的形体姿态和表演来体现服装整体效果的一种展示形式。

　　时装动态展示作为服装流行的传播手段，常常可以分为以流行导向为主的展示和以促销为目的的展示。

　　①以流行导向为主的展示。这种展示主要是指每年举办的高级时装发布会。每年的时装发布季，巴黎、米兰、纽约等地的时装舞台上都会汇集来自世界各地的著名设计师的新作，这些服装作品通过成衣商、服装评论家、新闻记者等迅速向世界各地报道和传播，以形成新一轮的服装流行趋势。同时，每年的成衣博览会又会进一步推广和扩大服装的流行趋势。

　　②以促销为目的的展示。这种展示是以推销服装新产品为目的而进行的。其展示地点多在产品的销售现场或租用相关场所，主要是将服装的造型特征、穿着对象以及使用功能等明确地、清楚地告诉给消费者，以此来促进服装流行和扩大服装市场。

2. 静态展示

　　静态展示是运用人型架或展架进行的服装展示。用来展示的人型架通常有全身人型架和半身人型架。人型架的制作材料有木材、金属、玻璃钢、塑料等。从人型架的造型形式上来看，人型架主要有具象的和抽象的两大类别，一般根据服装的不同特征来选择相应风格的人型架。这种展示形式主要是随着各类服装博览会、展销会、交易会、订货会而进行的；另一部分就是用于服装专卖店或大商场中的服装橱窗。

（四）社会名流带动

社会各界名流传播也是服饰流行传播的主要方式之一。社会名流具有显赫的社会地位和声望，拥有众多的崇拜者和追随者，他们在一些公共场合的穿着装扮能产生广告效应，很容易被人们所接受和喜爱。社会名流频繁地在各类媒体上亮相，在这种特定的活动中，他们一般都会选择时尚、得体的服装来打扮自己，借以增强自信心和维护自己良好的社会形象，同时也为自己的追随者树立起时尚潮流的风向标。

（五）影视艺术推广

电影和电视是贴近生活的艺术形式。影视明星们在荧幕内外的服装穿着反映着当时最流行的风潮，也影响着之后的服装流行。一方面，服装塑造着影视演员的角色形象；另一方面，影视演员的知名度也促进着当时的服装流行。人们会追逐和模仿自己喜爱的影视演员的穿着打扮，这在一定程度上促进了服装流行。

二、服装流行传播的特点

（一）空间传播特点

空间传播是指流行扩散的跨度和广度。由于地域差异，人们的生活方式和观念不尽相同，这会导致服装流行仅在某一地区扩散，而在其他地区则无法拓展，于是造成不同的服装流行跨度。而服装流行的广度则体现在参与人数方面，其广度大小取决于一定时间内接受这种服装行为人数的多少。

（二）时间传播特点

服装流行具有一定的周期性。通常一种服装流行要经过导入期、发展期、盛行（高潮）期、衰退期，直至消亡。而服装流行的传播时间则决定了这种周期的长短。有的流行传播速度快、时间短，其高潮期可能较短；而有的流行持续时间很久，相应地，它会呈现出近似于"长盛不衰"的流行样态，如中国古代的上衣下裳式样，龙形纹样，或近代牛仔服装的流行等。

三、服装流行传播的过程

流行的差异性界限极不确定，具有迁移性。流行文化的感染力极强，往往能超越国家、社区、阶层界限而广泛蔓延，在世界、全国、各地区进行传播。

流行的传播是智能信息流的扩散过程及其物化产品的推广与普及的过程，是信息的积累过程。在流行文化的传播过程中，不论对于哪种传播类型而言，流行文化极核中心的空间带动和激励效应都是重要的传播动力之一。文化极核中心是地球上某种文化特征最典型、最集中的地域，拥有较高的区位势能，在空间梯度驱动下，一些流动性的文化信息要素便会从极核区迁移向外围区或另一个极核区。流行的迁移性的特征是十分明显的，具体来讲表现在两个方面。第一，从时间上看，某种文化在一定区域内的普及和持续的过程，其本身都是一个时间的流程，都是以时间的流动为保障的。如果时间凝固不动，流行本身就无法得以实现。第二，从空间上讲，流行总是从一个地域向另一个地域迁移的，总是从一个阶层向另一个阶层迁移的，也总是由一种文化的流行转为另种文化的流行的。如果流行不具备迁移性的特点，传播就是不可能产生的。流行的传播过程可以被概括为宏观与微观两个过程。微观过程是指从流行的个体到群体的过程，宏观过程是指流行的社会过程。因此，流行的传播过程可以从个人、群体、社会三个不同层次进行分析。

（一）服装流行的个体传播过程

流行的个体传播过程是指个人通过社会心理活动与他人区别开来或与群

体保持一致的过程。流行的个体传播的基本过程如下。

1. 注意

注意是个人选择并接纳流行信息的基础。从发生学的角度看，获取有关服装消费的信息是服装行为产生的基础。流行信息的来源主要有人际来源（周围的群体）、商业来源（广告、展销会、商场等）、公众来源（杂志、发布会等）三种途径。当个体获得信息后，就会注意到流行式样。但个体需要的不同常常会决定其关注内容的不同，如商场里新颖的裙子会引起年轻姑娘的注意，漂亮的童装会引起母亲们的注意。人们争相购买的情景，也会引起需要这些服装的人的注意。

2. 兴趣

兴趣是人的认识和需要的情绪表现，是个人的活动动机的重要方面，是推动人们认识活动的内部机制，能表明一个人对某个对象的可能的行为倾向。例如若一个人对某种服饰样式或颜色感兴趣，则在需要的时候，便可能会采取积极的行动。通常，一个人的兴趣愈能被回应和满足，则其兴趣愈能被丰富与深化。但自我意识强的人的兴趣不易受到他人影响。

3. 评价

评价是个体与周围环境持续作用的结果。个体通过对流行服饰各种属性进行评价来判断流行服饰是否与自我定位等相吻合，并预计采用流行后可能带来的各种效果。不同个体的自我定位也各不相同，反映在每个人对服饰审美有着不同程度的要求。评价的参数主要有"他人的反映""社会比较"和"认知的协调"。

4. 实验与采用

实验与采用是流行态度与行为确定的过程。实验是个体对流行式样的再评价过程，基于预想效果和实际效果的吻合度，个体将产生满足或不满足感，个体将预想采用流行后他人的反映、社会的认可度以及自我显示欲的满足，以确定是否采用。当所有参数均满足后，个人大多会立即采用流行趋势与相应的产品。

（二）服装流行的群体传播过程

流行的群体传播过程是指通过大众传播媒介将个人联系起来的一种无组织的群体行为过程，是流行样式在特定的社会环境中从一些人向另一些人传播扩散的过程。这种传播过程大体可以划分出三种基本模型。

1. 上行式传播

上行式传播模式也称下传上模式，即自下而上的逆流倡导传播。与"下行式传播"正好相反，它是指某种新的流行款式首先起源于社会中较低的社会阶层和经济收入较低群体，进而向上传播至社会较高阶层和经济收入较高的群体的传播模式。例如，夹克衫在我国的流行，夹克衫最初是由生产一线职工的夹克式工作服变化而来，逐步扩散普及，被中层、上层各界人士所接受，从而形成全国性的时尚。再如，长期以来被社会不同阶层、不同年龄群所青睐的牛仔裤，是由美国西部矿工穿着的工装裤演变而来的。其他的流行服饰如旅游鞋、T恤衫、猎装、黑色皮夹克衫、套头衫等都兴起于社会中那些并不富有的年轻人，以后才慢慢地扩散到上层群体，甚至成为总统贵族的穿着。这种流行形式由于最初传播者的知名度较低、影响面较窄，所以流行的速度较慢，但持续时间较长。

2. 下行式传播

下行式传播模式也称上传下模式，即自上而下的顺流倡导传播。具体是指新的服装样式或穿着方式首先产生于社会上层，低于这一阶层的人通过模仿上层人群的衣着服饰而形成的流行现象。上层阶级的经济实力、身份地位和闲暇生活通过他们的衣着服饰显示出来，因而具有了尊贵的象征意味，从而为民间效仿。当这种衣着被模仿、复制乃至普及，上层社会开始寻找新的事物以和下层民众拉开等级差距。这种自上而下的传播模式在欧洲古代宫廷和近代工业社会早期是流行最主要的传播模式，而在现代大众消费社会中，社会上层人群在衣着方面保持低调，影视明星等娱乐名人则更能在衣着上起到示范作用。

"上行下效"自古就很盛行，在封建社会和近代资本主义社会中是主要的传播方式。美国社会学者韦伯认为，时尚是社会上层阶级提倡，而社会下层随从的社会现象，是社会上层阶级显示自己的地位、富有和势力以及对消费和闲暇的卖弄。下行式传播模式，一方面反映了社会上层群体为了显示自己优越的地位，而在衣着服饰上花样的不断翻新；另一方面反映了社会下层群体追求上层群体生活方式，期望优越于同一阶层群体的心理。这种模式具有传播广、速度快、来势凶猛等特点。它不仅影响某个企业或行业的生产经营，甚至影响整个社会风气。如 20 世纪 60 年代以前服装的潮流是以社会阶层为基准，也就是说遵循由上而下的传播机制，是高级时装店一统天下的时期。到了 20 世纪 60 年代，由于"年轻风暴"的影响，服装业才发生了巨大的变化。再如改革开放以来，一时间全国城乡掀起一股"西装热"，男女老少皆以穿西服为美，由此引起我国服装行业的改革，并带来一系列连锁反应。

3. 横行式传播

横行式传播模式也称水平传播模式，是现代社会流行传播的主要方式。横行式传播是一种多向的、交叉的传播过程，流行不是在社会阶层之间的垂直传播，而是在同一阶层的群体内部或群体之间的横向扩散过程。受工业化大生产和大众媒体的影响，传统意义上的流行形成模式已发生变化，社会上层的生活方式对普通大众的影响力正在减弱。社会阶层不再单纯以权力、地位和财富来划分，而是呈现出以不同的生活方式和意识形态来形成不同的社会群体的趋势，不同群体的流行观念和需求等方面都存在差异，时尚流行的特征也不尽相同。在全球化的趋势下，不同地域、不同文化群体之间不再是泾渭分明，而是相互影响、相互渗透，同时体现出各自的流行特点。每个社会群体和阶层都可能会产生自己的时装偶像，流行的真正引导者来自每个人所处的社会阶层或社会团体中。

（三）服装流行的社会传播过程

服装流行的社会传播过程是指流行现象从源地向其他地域的辐射、扩散过程。流行的社会传播过程一般是指流行趋势由人口集中的文化、政治、经济发达的国家、地区向落后国家、地区蔓延，最终形成世界性、全国性或地区性的流行趋势的过程，或由城市向农村，由上层向下层蔓延的过程，有时也存在着逆向的传播。世界的时装中心主要是巴黎、米兰、纽约、东京等大城市，这些时装中心发布的流行信息通过各种传播媒介辐射到世界各地，掀起了一次又一次的流行浪潮。服装流行的社会辐射并不是简单的蔓延，在传播过程中会衍变出许多带有民族、地方、阶层特色的具体样式，使同一流行现象又呈现出多姿多彩的面貌。

参考文献

REFERENCES

[1] 安毓英，束汉民．服装美学 [M]．北京：中国轻工业出版社，2001.

[2] 毕虹．服装美学 [M]．北京：中国纺织出版社，2017.

[3] 冯利，刘晓刚．服装设计概论 [M]．上海：东华大学出版社，2015.

[4] 高秀明．服装十讲：风格·流行·搭配　第3版 [M]．上海：东华大学出版社，2018.

[5] 华梅，周梦．服装概论 [M]．北京：中国纺织出版社有限公司，2020.

[6] 华梅．服装美学 [M]．北京：中国纺织出版社，2003.

[7] 黄士龙．服装文化概论 [M]．上海：东华大学出版社，2015.

[8] 金颐．自我表达的视觉呈现：现代服装流行形象研究 [D]．北京：北京服装学院，2010.

[9] 李昭庆．服装流行与文化影响力研究 [M]．北京：中国纺织出版社，2018.

[10] 李正丛，宋柳叶，王伊千，等．创意服装设计系列　服饰美学与搭配艺术 [M]．北京：化学工业出版社，2019.

[11] 梁军，朱剑波．服装设计：艺术美和科技美 [M]．北京：中国纺织出版社，2011.

[12] 刘国联，蒋孝锋，顾韵芬，等 . 服装心理学　第 2 版 [M].
上海：东华大学出版社，2018.

[13] 刘蕾，侯家华 . 服装美学 [M]. 北京：化学工业出版社，
2009.

[14] 刘丽娴，凌春娅 . 服装流行传播与社交圈 [M]. 杭州：浙
江大学出版社，2018.

[15] 刘望微，李晓荣 . 服饰美学 [M]. 北京：中国纺织出版社
有限公司，2019.

[16] 刘晓刚，崔玉梅 . 基础服装设计 [M]. 上海：东华大学出
版社，2015.

[17] 吕曼 . 地域服饰风格对现代服装时尚的影响 [D]. 内蒙
古：内蒙古师范大学，2015.

[18] 马蓉，张国云 . 服装设计：民族服饰元素与运用 [M]. 北
京：中国纺织出版社，2015.

[19] 孟萍萍，李良源，马俊淑，等 . 服饰美学 [M]. 武汉：武
汉理工大学出版社，2012.

[20] 穆慧玲 . 服装流行与审美变迁 [M]. 北京：中国社会科学
出版社，2018.

[21] 孙瑄 . 服装艺术与理念 [M]. 济南：济南出版社，2004.

[22] 谭颖，马志华 . 服装与美 [M]. 天津：天津大学出版社，
1990.

[23] 王惠敏 . 服装性别符号设计探析 [D]. 武汉：中南民族大
学，2014.

[24] 吴卫刚 . 服装美学　第 5 版 [M]. 北京：中国纺织出版
社，2000.

[25] 吴卫刚 . 服装美学 [M]. 北京：中国纺织出版社，2018.

[26] 吴妍妍 . 中外服装史 [M]. 北京：中国纺织出版社有限公
司，2019.

[27] 徐宏力，关志坤 . 服装美学教程 [M]. 北京：中国纺织出

版社，2007.

[28] 徐静. 试论"性别"因素对服装的影响 [D]. 天津：天津美术学院，2018.

[29] 许岩桂，周开颜，王晖. 服装设计 [M]. 北京：中国纺织出版社，2018.

[30] 杨程. 地域性文化影响下的服装分析 [D]. 青岛：青岛大学，2010.

[31] 余玉霞. 西方服装文化解读 [M]. 北京：中国纺织出版社，2012.

[32] 张繁荣. 服装文化漫谈 [M]. 石家庄：花山文艺出版社，2007.

[33] 张星. 服装流行学 [M]. 北京：中国纺织出版社有限公司，2020.

后 记
POSTSCRIPT

当人们选择服装的时候，他们在选些什么？这是服装设计中永恒的研究课题。是服装的工艺吗？是服装的颜色吗？是服装的款式吗？是服装的线条吗？五花八门的选择理由背后，指向的是服装所蕴含的美学特质和文化内涵。一部人类服装设计发展史，从某种意义上说，既是人类摆脱野蛮蒙昧走向文明开化的演化史，也是一部感性化的人类艺术文化发展史。

服装是人类文明演进中诞生的物质财富和精神财富的显著代表与生动体现。它既满足了人们在社会生活中取暖、避寒、挡风、避雨、护体的物质需要，又展现和满足了人们在社会交往中修饰、标识及表达各种意念的精神生活的需求。作为人类特有的劳动成果，它既是物质文明的载体，又是精神文明的表征。人类社会从原始蒙昧到文明时代的进化，前后经历了上百万年。人类祖先在与猿猴相揖作别以后，披着兽皮与树叶，在风雨寒暑中徘徊了难以计数的岁月，终于艰难地跨进了文明时代的门槛，懂得了遮身暖体，创造出了物质文明。同时，追求美是人的天性，衣冠对于人的作用不仅在遮身暖体，更有美化功能。几乎是从服装起源的那天起，人们就已将其审美爱好和文化心态都凝结于服装中，构成了服装深厚的文化与审美内涵。

人类社会发展至今，物质生活水平大幅度提升，在现代服装设计中，服装作为人的"第二层皮肤"，不但承载着功能性的作用，更重要的是服装作为一种文化范畴已经越来越显示出其重要性了。服装的概念不再拘泥于传统的形式，失去了固定框架的束缚，蔽体御寒的功能在有些时候甚至被先进的科学技术所取代，因此人们对服装所携带的文化内涵和美学价值有了更加深入的研究，服装几乎变成了人类表达生活方式的媒介和宣泄情感的载体。

而值得服装设计者们注意的是，服装的美学与文化内涵是具有时效性的。这是因为，人类的历史是螺旋前进的，其社会文化背景和审美观念、审美标准等总是随着时代的变化而变化的。每一个历史时期，新的、有代表意义的服装文化与审美现象都是需要持续性研究的。因此，有必要在现代服装设计中融入新时期的审美特点，突出其文化底蕴和美学特质，这是现代服装设计方法改革创新的必然趋势。把美学与文化内容运用在现代服装设计中，不但简单实用，而且能彰显出文化传承的意义和价值。在全球文化不断发展和国际交流愈发频繁的当下，各地区民族的文化和审美观念之间的屏障逐渐被打破，在融汇交流中又产生了新的文化和美学内容，故而现代服装设计不仅需要全面发挥当前科技在其领域中的运用优势，而且应当重视对美学和文化内涵展开合理传承与科学融入。应在现代服装设计中应用新型的美学元素和文化元素，充分满足人们对现代服装设计的新需求，真正做到美学、文化和现代设计的有机融合，进而更好地呈现出服装的艺术表现力。

作者

2022 年 8 月